文明的邂逅

张力 池建新　主编

稻米之路

The Encounter of Civilizations on the Road of Rice Transmission

中国科学技术出版社
·北　京·

张力

国家一级导演。中国电影金鸡奖获得者，中国视协纪录片学术委员会副主任，中国科教影视协会常务理事。中央新影集团原副总编辑、艺术总监。

曾执导《增长的代价》《诗人毛泽东》《消逝的大河桥》《瓷路》《海昏侯》《在影像里重逢》等上百部纪录片和电视剧，并监制纪录片《滔滔小河》《楚国八百年》《手术两百年》《生命之盐》《稻米之路》《承诺》等，参与创建中央电视台《发现之旅》栏目及数字频道。

多次获国家科技进步奖科普作品奖、国家广电总局纪录片人才优秀导演和撰稿，以及艾美奖（提名）、白玉兰奖、金熊猫奖和“中国电视纪录片年度人物”等奖项。

曾担任俄罗斯“人与环境”电影节、加拿大班夫山地纪录片节、亚广联电视奖、金鹰奖、金熊猫奖、金红棉奖、十佳十优等国内外各类影视评奖、推优评委。

池建新

著名纪录片制作人。中央新影集团副总经理，发现纪实传媒董事长兼总经理。中国电影家协会理事，首都纪录片发展协会科学纪录片专委会秘书长。中国传媒大学客座教授。

编撰了大型系列图书《中国电影百年精选》，出版了著作《频道先锋——电视频道运营攻略》。

代表作包括《手术两百年》《中国手作》《留法岁月》《人参》等大型纪录片；创建央视《百科探秘》《创新无限》《文明密码》《考古拼图》《第N个空间》《创业英雄》等栏目，担任制片人。

带领的团队获得金鸡奖、百花奖、星花奖、中国纪录片十佳十优、纪录中国、中国纪录片学院奖、中国广播电视协会颁发奖项等各类奖100多项。

编委会：

主编： 张　力　池建新

副主编（执行主编）： 周莉芬

成员： 董浩珉　张　莉　冯　勇　林毓佳
樊　川　郭　艳　赵显婷　郭海娜
宗明明　刘　蓓　张　鹏

版式设计： 赵　景　陈　飞

图片来源： 北京发现纪实传媒纪录片素材库
图虫网 123 图片库

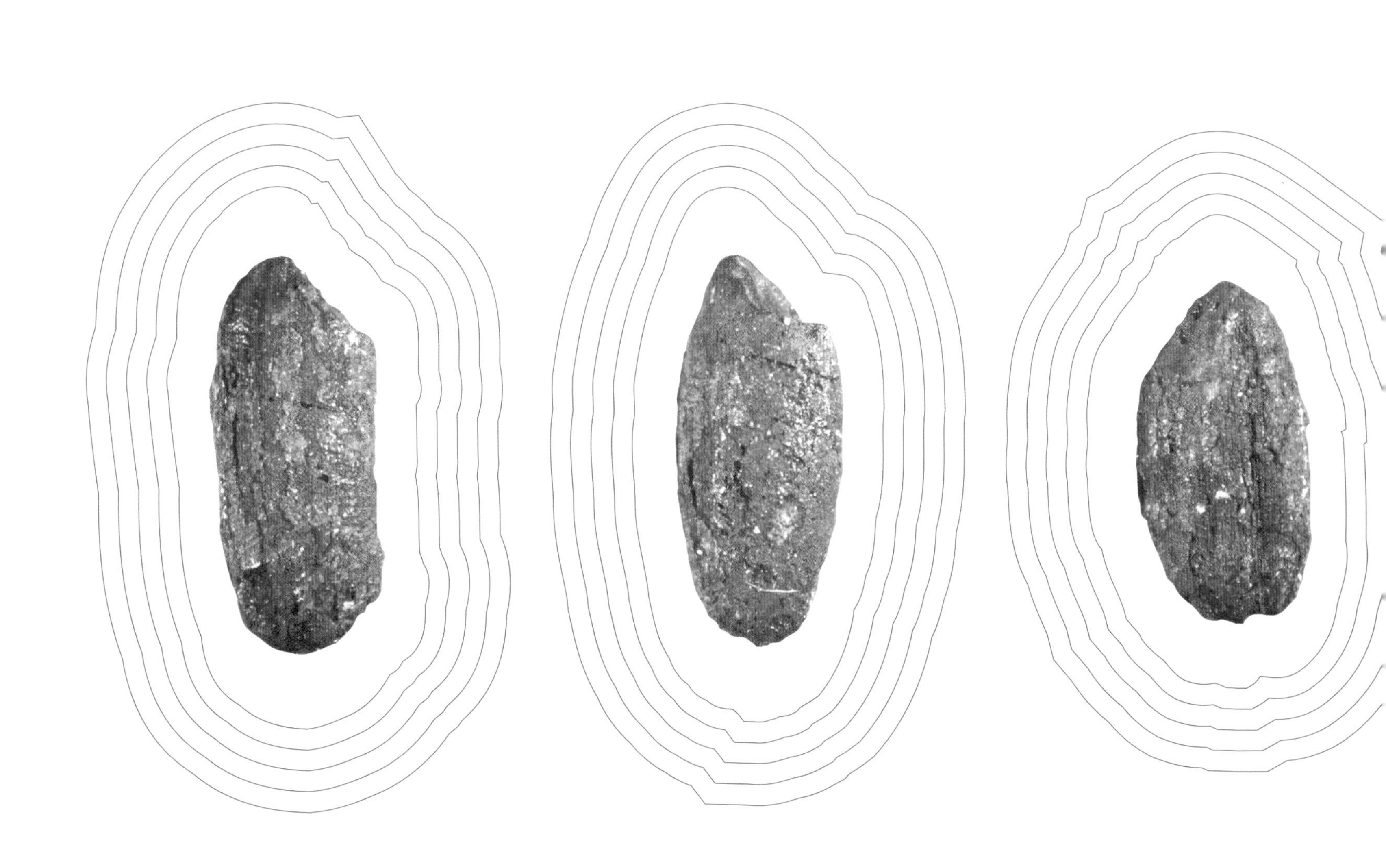

序

源自中华，稻香天下

稻米，人类最主要的食物之一。

1 万年以前，曾广泛分布于亚洲、非洲、拉丁美洲和大洋洲的一种禾本科植物，率先被长江中下游的中国先民开发出巨大的食用价值，这种禾本科植物就是水稻。

从长江流域到松花江以北，从干旱的西北高原到南方云贵高原……稻米的种子，有时候翻越崇山峻岭，有时候在汪洋里随波飘零，有时候被严酷的环境扼杀，有时候在温暖的角落肆意滋长。

稻米，经过人类数千年的驯化，在其诞生的中国南方无往不利，但一旦离开潮湿温润的故乡，稻米面对的便是众多本土农作物的层层阻击。那起源于中国南方的稻米，又是如何超越长江流域，在中国北方与小米和小麦争夺人们的餐桌的？

总之，水稻尽其所能“改变”着自己的生长习性、形态和用途，在广袤的大地上繁衍生息，影响着中国人的生存条件。稻米在人类历史上的作用不仅仅是食物，对中华民族来说，稻米自远古以来在果腹之余，更为文明的创造和传播奠定了基础，我们总能从一粒米中看到许多不平凡的人类发展的故事。

当然，稻米的传播途径未曾止步于中国，它的脚步走向日本、朝鲜半岛、东南亚，再到西亚乃至亚欧大陆另一端的意大利……而伴随着稻米的传播之路，起源于东亚地区的宗教、文化和艺术，都跟随稻米的种子，一起传播到远方，造就了精彩纷呈的世界文化。

这细小而饱满的颗粒物，改变了发现者的饮食结构、生产生活方式，由稻米产生的巨变开始在人类社会中悄然发生，最终催生了文明的新形态，并影响至今。即便历经千年的传承和劳作，无论是意大利米坊的工人，还是当今的中国农民，一样会为丰收的喜悦而展露笑容。

稻米的故事，其实是生命的故事，是人类和稻米一起开疆拓土的故事。

今天，除了南极和北极，稻米几乎已经遍布了每一片适合生长的土地。穿越亚欧大陆，稻米正给予地球上 60% 的人口源源不断的生存能量，支撑着我们度过生命中的每一天。

在这段征途上，是我们驯化了稻米使之成为主食，还是稻米利用我们让自己遍布每一寸土地？稻米在不同的地区，又发生着哪些关于生命、关于财富，抑或关于信仰的故事？

今天，让我们踏上稻米之路，透过一粒米，看到平凡食物背后深远的人类发展故事。

目录

水稻这种原本野生的
植物是怎么被驯化成
了文明的种子？

第一辑

文明的种子

稻米遗存

中国人为什么要驯化稻米，这可能是人类历史上最复杂的问题之一。

是什么原因让远古人类慢慢放弃自由的狩猎生活，逐渐转变成固守土地的农民？这个故事可能要从中国南方的一个岩洞开始。

公元 1993 年，一支中美联合考古队来到湖南道县的玉蟾

岩，他们的到来，令这个海拔仅有几十米的山丘，成为人类文明不可忽视的高峰。

刷新我们认知的就是两枚毫不起眼的植物实物标本，这是人类目前发现最早的栽培稻遗存颗粒，它们生长在距今约 1.2 万年前。

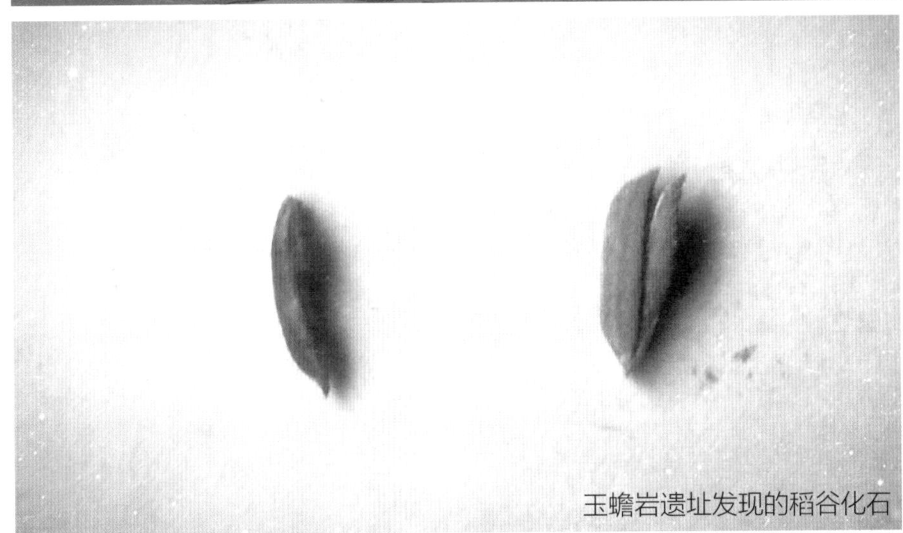
玉蟾岩遗址发现的稻谷化石

湖南道县玉蟾岩遗址

湖南道县玉蟾岩遗址是中国新石器时代洞穴遗址，位于湖南省道县寿雁镇。年代约为公元前 1.2 万—前 1 万年。考古学家在这里发现了水稻的遗存，包括稻植硅石和 4 枚稻壳，其中层位上较早的 2 枚为野生稻，较晚的 2 枚兼有野生稻、籼稻、粳稻的特征，属最原始的古栽培稻类型，这是迄今所知世界上最早的栽培稻实物，这对我们了解中国稻作农业的起源有着非常重要的价值。

值得注意的是，距离这两颗化石不到10千米的另外一个岩洞里，又发现两颗12万年前的现代人类牙齿化石。

在华南地区发现东亚最早的现代人牙齿化石，说明这里可能是东亚现代人起源、演化、扩散的中心。

巧合的是，在距离湖南永州1000千米外的江西万年县仙人洞发现了距今1.2万年的稻米植硅石。

这两处遗址相互佐证一个事实：最早将稻米作为食物的人类就出现在长江流域及其以南地区。

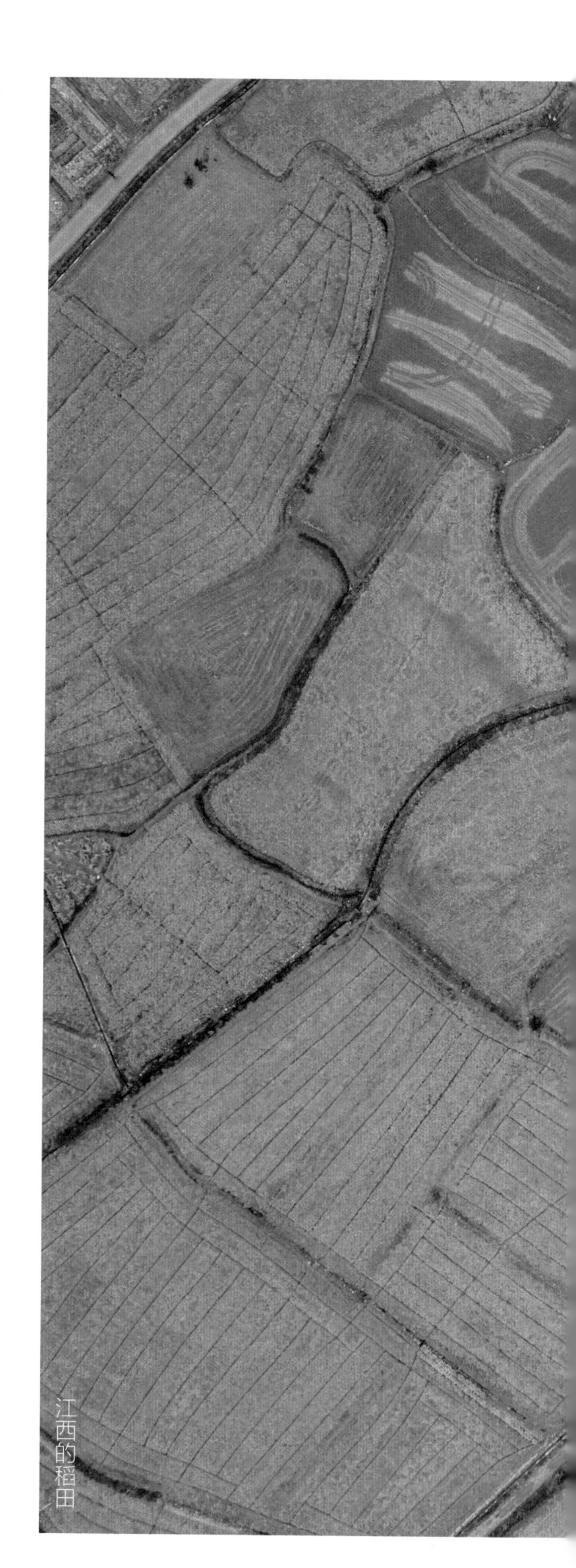
江西的稻田

江西万年县仙人洞

江西万年县仙人洞位于江西省万年县大源盆地内的小山上，是中国旧石器时代末期至新石器时代早期的洞穴遗址。在这里，考学人员不但发现了打制石器，还发现了局部磨制的石器。这里出土的栽培稻植硅石，表明微弱的原始稻作农业已经产生。

万年县所在的上饶市

探寻驯化稻的起源

我们从生物学上讲，野生稻在被驯化之前，就已经广泛地分布在亚洲、非洲等地。

至于水稻的起源，指的是水稻什么时候被驯化的，即水稻作为一个野生种如何被人类变成一个人工的栽培种。

栽培稻的驯化和传播是人类寻找生存之路的途径，这种探索充满未知，今天我们能够讲述的，只是目前考古的结果。更多真相，依然封存在未知的历史长河中。

由于这些稻米遗存与其他早期人类活动缺少必要的关联证据，今天的考古学家依然不能确定，当时人们究竟是有意还是偶然将稻米作为食物的。

在中国的很多地方，考古人员都发现了稻米遗存，但是还不足以证明这些地方已经有了稻作农业，甚至连这些考古发现的稻属遗存是不是驯化稻种都无法确定。如果古人只是简单地采集和食用野生稻，这种行为并不构成稻作农业的起源，因为今天这种颗粒饱满的稻谷，是人类不断驯化改良野生稻的结果。

稻米，让土楼坚实无比

在中国福建省西南部，矗立着许多奇怪建筑物，它们体形庞大、造型奇特，这些建筑就是客家人的土楼。

在这些圆形建筑周围，人们种满了水稻，稻米是这里的主食。与这种农作物朝夕相处的当地人，发现了水稻超越食物本身的用途。

客家人有一种风俗，如果小孩子出生，出生的胞衣要埋在地下。胞衣，就是婴儿的胎盘。客家人把胎盘掩埋在这些如同城堡的土楼下面，将自己的一生和家园紧紧联结在一起。

不管成人后去往何地，出生时的胞衣还在土楼的地下，这意味着以后自己的根始终都在这片土地上。

圆形土楼

客家土楼

客家土楼又称客家围屋，是中国客家人聚族而居的传统大型群体楼房住宅，流行于福建西南部、广东北部和江西南部山区。出于防护考虑，土楼宏伟坚实，集居住、祠祀和防御功能于一体。土楼承重墙由土夯实而成，内为木结构楼房，一般高3～5层，土楼有的是方楼，有的是圆楼。现存土楼大多始建于明清，今天还有一部分居民依旧居住在土楼里。目前，福建客家土楼被联合国教科文组织列入《世界遗产名录》。

福建方形土楼

于1822年建造的立本楼是一个方形的土楼，位于福建省龙岩市永定区。遗憾的是，立本楼在20世纪30年代毁于战乱。这里如今是一片断垣残壁，但来到这，似乎总能闻到一股熟悉的稻米香味。

立本楼是正方形的，一圈有40个房间，高四层，一楼是煮饭吃饭的场所，二楼是粮仓，三、四楼是住宿的地方。即便立本楼遭遇了昔日战火，它的主体结构依然屹立了近200年岁月，这绝不是泥土建筑所具备的强度。那为什么立本楼的主体结构能屹立不倒?

考古学家在这里发现了两粒大米颗粒，这两颗大米颗粒距今有1万年历史。除了这些稻米颗粒，考古学家在这里的陶土中还发现有意掺杂的稻壳，不仅如此，在用于建筑的红烧土（火烧烤过的黏土）中也发现大量的炭化稻壳。

当时制作陶器的土壤粒质比较粗，也比较松软，因此在制陶过程中需要掺杂一些其他东西，这样制作陶器才更容易成型，不容易裂。

这其实和农村盖房子用草拌泥的道理是一样的。光是用泥的话，材料的延展性不够，容易开裂，在泥里面加一些草，这样更容易成型，也不会裂。

福建地区高温多雨，土地耕层较浅，种植水稻成为重要农业选项。在那个战争频发的年代，除了温饱，当地客家人更加需要考虑人身安全问题。

相传，客家人自秦汉以来为躲避中原战乱，举族迁徙到闽地，防御性建筑便是他们的迫切需要。在缺少坚固材料的地区，所有的一切都要物尽其用，包括稻米。

据专家推测，客家人在建造土楼时，在墙体的关键部位，用稻壳和米浆掺入泥土中，反复夯筑便可建起犹如钢筋混凝土般坚固的墙壁。正如我们今天所看到的，几乎所有的土楼外墙都坚固异常。

稻米用作建筑材料

中国历史上，在没有水泥的古代，不仅是房屋，甚至许多地方修建墓葬时都将稻壳和米浆加入建筑材料，以增强其硬度。迄今为止，我们依然不知道这种材料的严格比例是什么，但稻壳、米浆和其他材料混合之后其坚固程度令人惊叹。

坚实的土楼墙壁

土楼后面是层层叠叠的稻田

上山文化遗址公园

上山遗址

上山遗址位于浙江省浦江县黄宅镇渠南村北一座名为“上山”的小山丘上，是中国长江下游地区新石器时代遗址。

考古学家在上山遗址的夹炭陶表面发现了许多稻壳印痕，又在灰坑中出土个别稻米粒，经过确认是原始栽培稻。上山水稻遗存的发现进一步表明，长江下游应是中国稻作农业的重要起源地之一。

诞生于150万年前的野生稻，广泛分布在今天亚洲、非洲、拉丁美洲和大洋洲，但在距今1万年左右，稻米的食用价值率先被长江中下游的中国先民陆续开发出来，这种植物从此便不再是潮湿岸边可有可无的杂草，而是被种植在中国史前人类聚居地周围。

浙江上山遗址提示我们，在1万年前，中国先民对稻米的认识已经超越单纯的食用范畴。

黄河流域的稻米遗址

不仅在温暖的南方出现水稻蓬勃生长的局面，在气候较干燥的黄河流域，9000 年前的人类在这里也成功种植了水稻。

我国著名的民间艺术家闫交生，他早期的人生之路并不是

一帆风顺的，但他始终相信，生命中还有一个声音在召唤自己。终有一天，他在微雕世界里发现了另一个巨大的世界。微雕是在一些非常细小的物品上面进行雕刻创作。由于当时经济拮据，闫交生便把主意打到了米粒上面，开始在米粒上做雕刻。

如果今天的稻米如同它们数万年前的祖先一样细小，即使借助工具，闫交生的工作也将成为一项难以完成的任务。那么闫交生手里这些颗粒饱满的稻米又是从何而来？

中国米雕第一人

闫交生被公认为中国米雕第一人。他曾在一粒米上刻过一首《沁园春·雪》，足足114个字。一个尖嘴钳，一粒米，一把自制的刻刀，就能呈现出精彩。

每次面对这些米粒之前，闫交生都要经过长时间准备来放松自己，因为这项雕刻工作异常精细，稍不留神就可能前功尽弃。

为了保证线条流畅，工作一旦开始，必须屏气凝神。只有一笔完结后，才能稍作休息。

中原地区，是中国早期文明发源地。考古人员在河南贾湖遗址的一个灰坑中发现了较完整的带壳稻谷。出土时稻壳非常鲜亮，跟现在的稻壳颜色几乎一样。

这些 9000 年前的稻谷，是黄淮流域迄今为止发现最早的稻米遗存。如果我们将浙江上山遗址发现的稻谷与之比较后就会发现，河南贾湖遗址的稻谷颗粒更大，更具食用性。这个比江南更低温，更不适合水稻生长的区域，怎么可能出现大颗粒稻谷？这里曾经发生了什么？

河南万亩水稻农田

贾湖遗址

贾湖遗址位于河南省舞阳县，是中国新石器时代前期重要遗址。考古学家不但在这里发现了陶制品、石制品及动物遗骸、植物果核等，还发现了骨笛、稻作遗存，这表明，生活在贾湖遗址内的古人类，已经具备非常成熟的农业、渔猎等生产技巧和技能，而且对艺术有了自己的追求。这些都是文明的重要特征。人工栽培稻遗存的发现，更是证明了黄淮流域也是稻作农业的起源地之一。

贾湖遗址

9000年前，贾湖地区的气候和今天完全不同，当时这里气候温和湿润，类似于江南地区，平均气温高于现在2～3摄氏度，完全可以满足普通野生稻的生长条件，贾湖的先民很可能已经开始对野生稻进行驯化，有意识地将颗粒大的种子保存下来，在来年重新播种。

年复一年，颗粒越来越大的稻米就这样被人类选育出来。如果这个条件一直持续，贾湖将成为中国最早大规模种植稻谷

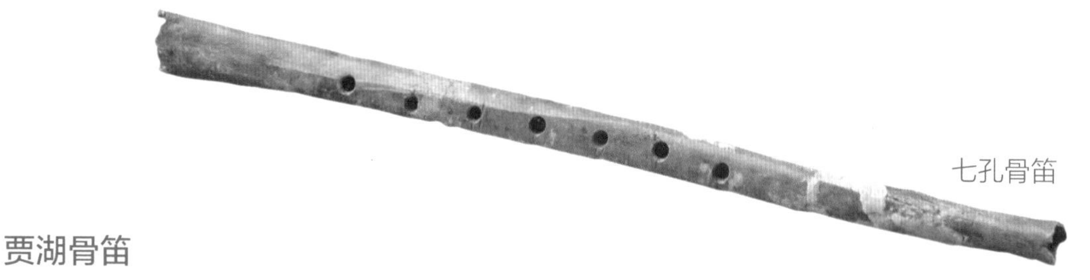

七孔骨笛

贾湖骨笛

中国河南舞阳县贾湖遗址出土的贾湖骨笛距今已经有7800～9000年的历史，这可是中国最早的乐器实物。

贾湖骨笛打磨得非常精致，一共有7个孔。该骨笛是用鹤类尺骨管制成，鹤骨做骨笛有着天然的“优势”，鹤骨硬度非常高，远远超过了人骨的硬度。也正是因为这个原因，我们还能看到远古时代的骨笛。

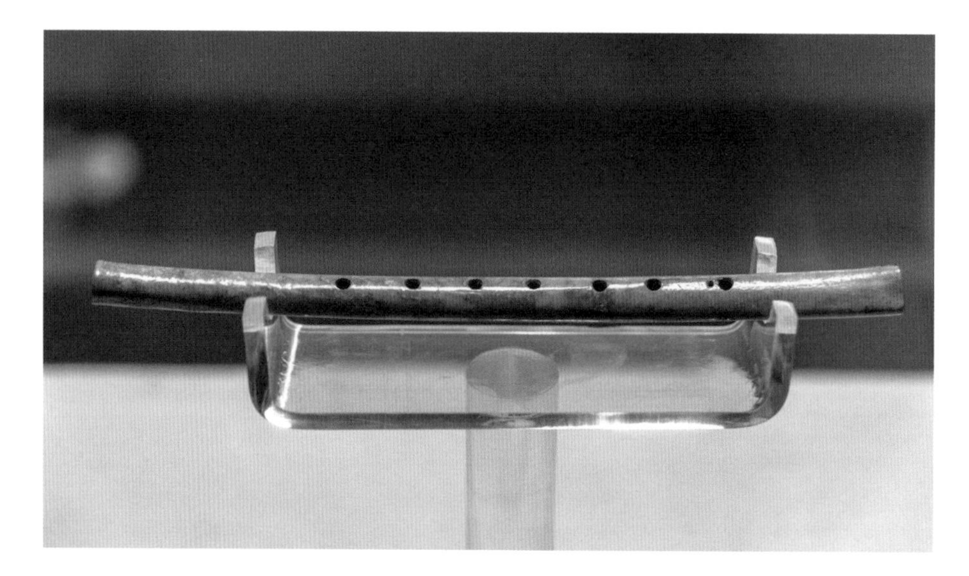

的地区。然而这一切在9000年前戛然而止，除了这些稻米遗存，那个近万年前在我国中原地区栽培稻米的辉煌时代，如同被风吹走了一样，只留下些零星的痕迹。

幸运的是，一支能够吹奏完整七个音节的七孔骨笛被时间保留了下来，这是迄今世界上发现的年代最早的吹奏乐器。

人类历史中，艺术的成就往往建立在高度物质文明之上，可以推测，9000年前贾湖地区人们的生活，应该是富足和安定的，如果这一切持续下来，中国的文明历史可能会被改写。

当然，历史无法假设，依据目前的发现，贾湖遗址出土的食物类别中，野生动植物资源占绝对优势，稻米在其中的比重很小。

稻作农业的起源，不是一个变革，它应该是一个逐渐的演变过程。人类刚开始从事稻谷种植的时候，稻作农业生产的水平还是很低下的。因此在早期，人类是更多依赖于自己原来习惯的采集、狩猎活动，来获取更多的食物来源。

在距今 9000 年的时候，从最北的泰山北边（也就是冀南地区），到河南地区，都有零星的古人在从事稻作生产。但是，稻作文化在这些地方没有延续下去，人们的餐桌上终究是小米取代了稻米。

为什么稻米会被取代？这个取代可能是人的选择，也可能

是气候的原因，总之在这里我们没有看到稻作文明的延续。我们看到的结果是，稻作文化在长江中游和下游地区出现了。

可能由于气候变化，使得水源缺乏，稻米在中国北方放缓了扩张的脚步。但在温暖的南方，在狩猎时代可有可无的稻米，开始跻身人类历史舞台的聚光灯下。

长江中下游的稻米遗存

河姆渡遗址位于杭州湾南岸、宁绍平原中东部、余姚江河谷盆地的南侧，面积约 4 万平方米，是世界最著名的新石器遗址之一。

在六七千年前的河姆渡，经常能听到一种特别的声音，发出这种声音的是一种用骨骼制成的乐器，名为骨笛。

如今，人们仿造古人，用动物腿骨加工打磨成骨笛。在吹奏过程中通过小孔对气流的控制，骨笛就能发出悦耳的声响。

今天摆放在河姆渡遗址博物馆里的是六七千年前的骨笛，与之前贾湖出土的那支七孔骨笛不同，人们猜测这是远古人类用来吸引野兽的工具。

远古遗留物无法单独证实自己的重要性。如果我们把眼光稍微移动，就不难发现一系列重要事实。

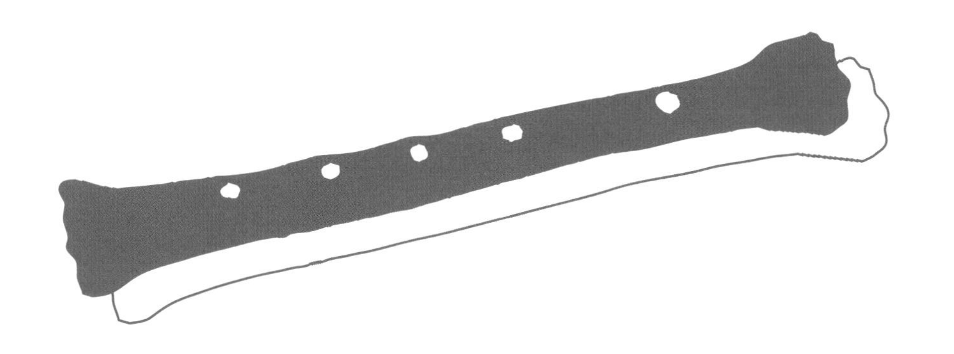

河姆渡骨笛

在浙江余姚河姆渡遗址出土的骨笛，考古人员发现其中两件是用鸟禽类的肢骨中段制作。管身穿一至三个圆孔，有的内腔另插一根肢骨，和现在的一种乐器竹哨相似。这些出土的骨笛有的还可以吹出简单的音调。

河姆渡遗址博物馆

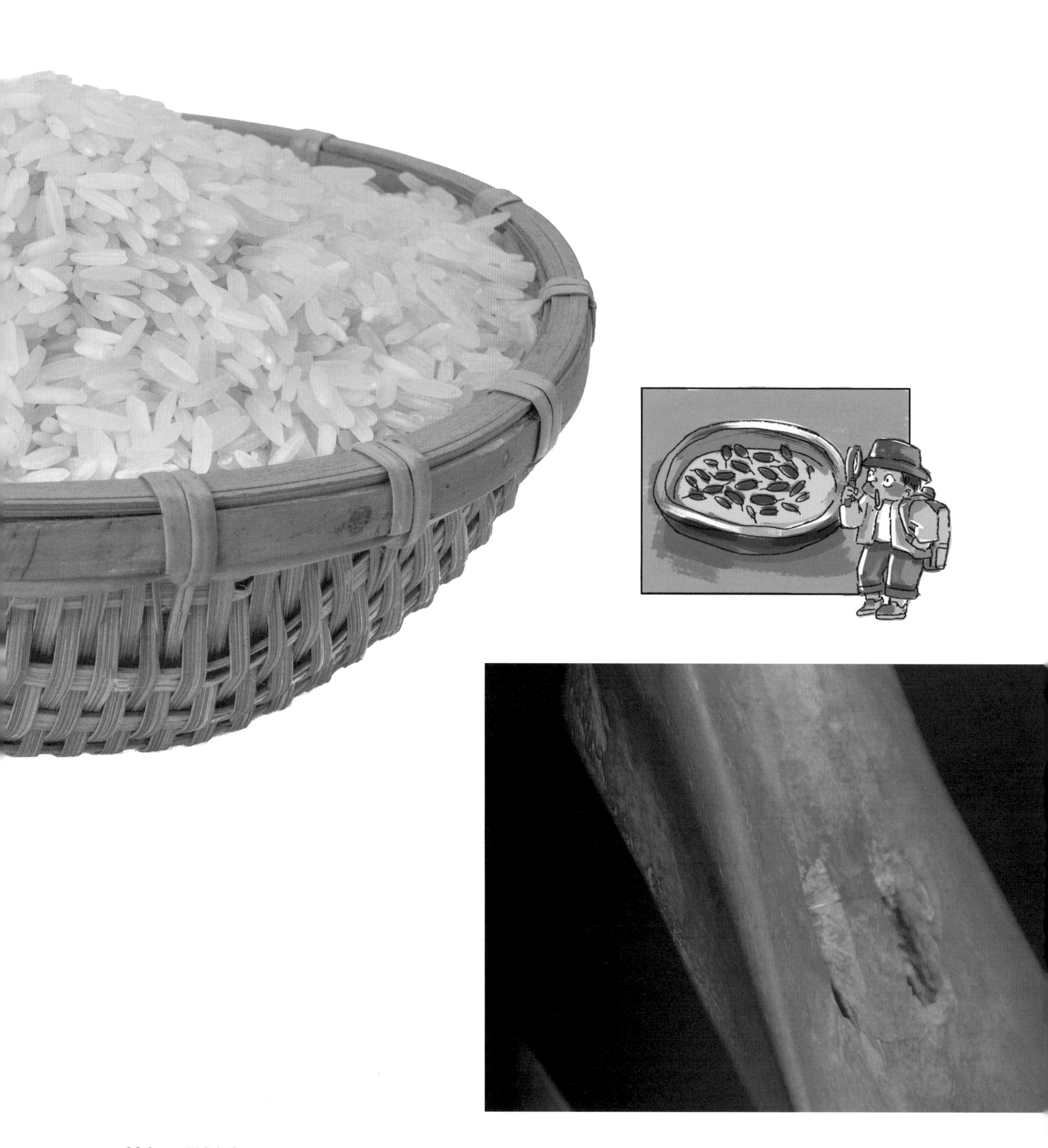

在河姆渡遗址博物馆里，与骨笛相距数米，被玻璃器皿密封着的黑色颗粒就是7000年前的稻谷。

考古人员在河姆渡发现了稻叶、稻谷、谷壳、焦谷、稻秆等水稻的遗物。随着考古工作的深入，考古学家发现了越来越多的稻米遗存，他们不禁感叹，这里简直就是个地下谷仓，这也是前所未有的。

河姆渡遗址还出土了约170件骨耜，骨耜是一种农业耕作工具。

骨耜

在河姆渡发现了稻作遗存，那这些骨耜和种植稻米有什么关系吗？确实有关系，骨耜正是河姆渡人从事水稻种植的主要生产工具。这种器物是用鹿、水牛的肩胛骨加工制成，是河姆渡文化的典型农具。用它挖土，既可以减轻劳动强度，又能提高劳动效率。

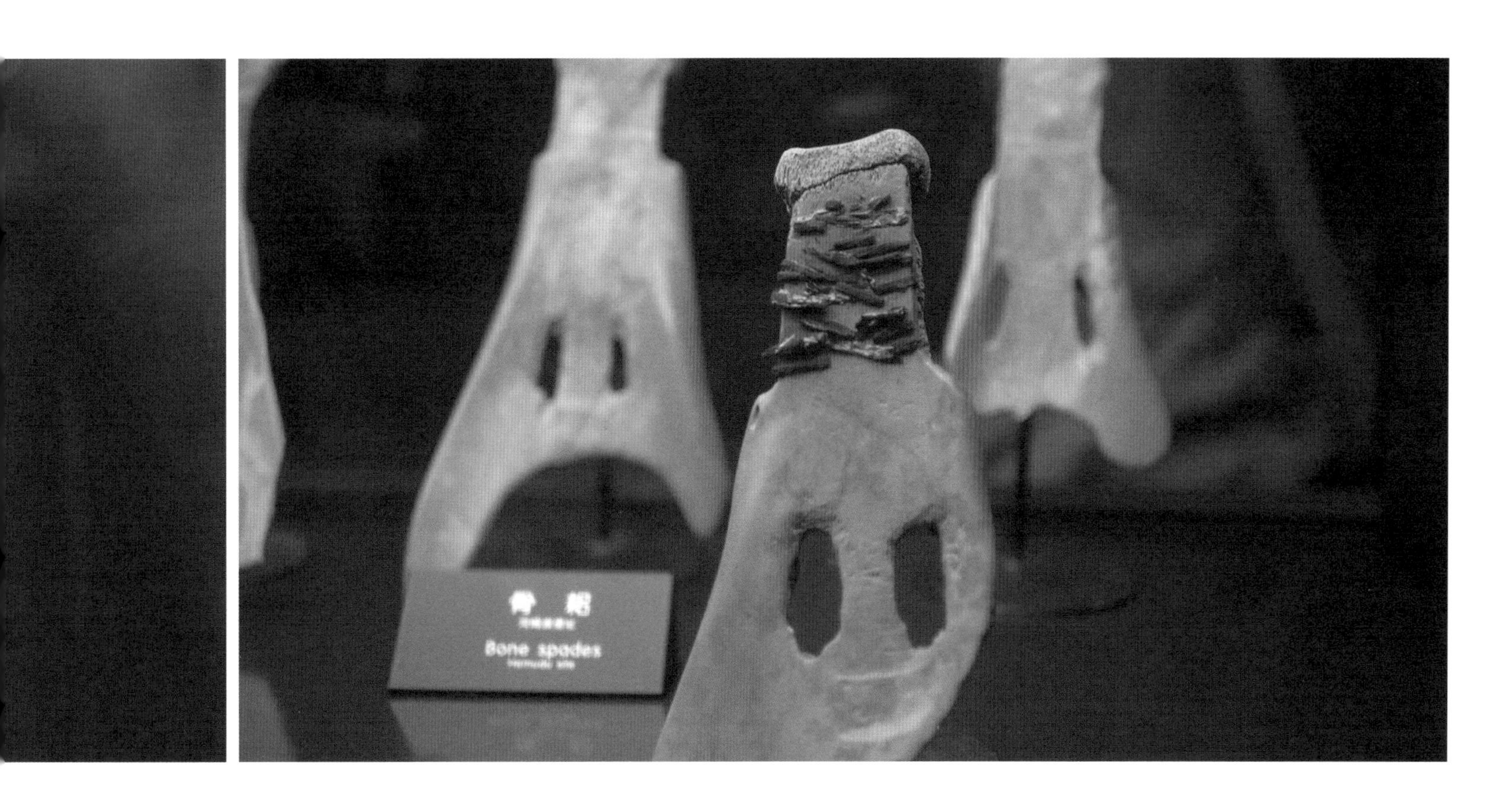

田螺山遗址，距离河姆渡仅有 7 千米，文化内涵与年代和河姆渡几乎一致，这里同样出土了大量的稻米遗存。据推测，当时田螺山的稻米产量已经相当可观。

出土的大量稻米和农耕、烹饪工具，告诉我们一个重要事实，河姆渡人已经开始以脱壳稻米作为食物，并且掌握了水稻栽培技术。

不过，两处遗址同时出土了数量更为庞大的野生动植物实物遗存，可以想见，即使在河姆渡地区，稻作农业依然没有完全取代狩猎而成为主体产业。

田螺山稻谷遗存

田螺山遗址

田螺山遗址

田螺山遗址位于浙江省宁波市余姚市三七市镇，同为河姆渡文化遗址，是迄今为止发现的河姆渡文化中地面环境保存最好的一处史前村落遗址。田螺山遗址出土的器物不管是形状还是制作材料都与河姆渡遗址几乎一模一样。由此断定它是同属于河姆渡文化类型的一处原始聚落。

为什么世界上最早栽培水稻的地方，会出现在长江中下游的河姆渡地区？

与采集、狩猎业不同，进入农耕生产时期，需要一些比较开阔的土地，而大面积的平原就很适合发展农耕生产。

长江中下游平原是中国三大平原之一，降水条件和光热条件较好，很适合水稻的生长。

长江中下游平原

长江中下游平原是中国三大平原之一，包括长江三峡以东的中下游沿岸带状平原，地跨鄂、湘、赣、皖、苏、浙、沪7省市。长江中下游平原地处亚热带，这里温暖湿润，而且降水充沛，特别适合水稻的生长。

浙江是中国文化沉淀最深厚的地区之一，河姆渡所在的宁绍平原更是重要的稻米产区。不仅如此，当地对大米加工的精细程度，自古至今在中华大地上也是首屈一指的。

大米经过了一天的浸泡和加工，将会成为一种全新的食物。比如浙江余姚市梁弄镇的传统糕点——梁弄大糕，就是用大米制作出的一种点心。

梁弄镇的人们将研磨后的米粉均匀筛入一个特制木框，再用特殊的工具刮出并行的凹槽，当地人称之为“雕空”。熬制的红豆馅被放入凹槽，之后用米粉均匀覆盖。用大米特制的红粉填满木制印模，加上红印之后，再经过 15 分钟的蒸煮，一盘梁弄大糕便完成了。

对大米进行精细加工制作美食已然成为江南居民生活的一部分，如今的余姚梁弄镇，依然有数家卖梁弄大糕的店铺。

梁弄大糕

梁弄大糕外形方正，雪白的大糕上面用可食用的红粉印有“恭喜发财”“吉祥如意”“福禄寿喜”等字样，使大糕红白分明。

在梁弄，每逢端午时节有一种习俗，已订婚但还未结婚的未来女婿要挑上大糕到丈人家去，然后女方家里人会把男方送来的大糕分给亲朋好友，一是告诉大家自己家的女儿已经名花有主，二是和大家一起分享这份喜悦。

从河姆渡出土的稻米的形态特征来看，河姆渡文化时期的稻米仍然具有一定的野生性状。另外从整个稻米驯化的漫长过程来看，在河姆渡时期，水稻在中国南方地区的驯化过程还没有最终完成。

从田螺山遗址和河姆渡遗址所提供的大量的考古实物来看，河姆渡时期仍然处在由采集狩猎社会向稻作农业社会转变的过程之中，这也证实了稻作农业的起源是一个缓慢的演变过程。不过，可以肯定的是，稻米无疑成为当时河姆渡地区充裕物质文明的保障之一。

我们不知道，7000年前骨笛发出的声音是否和今天骨笛发出的声音一样优美动听，但专家也不排除骨笛是当时人类娱乐工具的可能。艺术永远是物质文明繁荣的结果，所以从这个层面上来看，骨笛的发现令河姆渡成为全球史前农业文明的重要地标。

会养猪的河姆渡人

在河姆渡遗址中，考古人员在一些陶器上，找到了十分有趣的小猪纹饰，比如这个猪纹陶钵。考古学家推测，河姆渡的先民已经开始驯养猪等家畜了，这说明当时人们的粮食已经有了富余，可以饲养家畜了。

中国南方的稻米

广西壮族自治区，位于中国西南边陲，与越南有约 1500 千米的漫长边境线。大约 6000 年前，这里的人们开始种植水稻，然而在这个植物蓬勃生长的地区，人工种植水稻的历史却比河

广西稻田

黑衣壮服饰

黑衣壮的传说

相传很早以前，黑衣壮的祖先来到一片山林茂密、土肥草美的地方，他们在这里垦荒种地、安居乐业，繁衍子孙。一次，一个部族首领在带兵抵抗外来入侵者的战争中不幸受伤。他隐蔽在密林中，随手摘下一片青绿的野生蓝靛放在伤口上，没想到这野生蓝靛很快缓解了伤口的疼痛，这位首领很快恢复了健康，他重上战场，并击退了来侵之敌，保卫了族人之地。这位首领认为野生蓝靛是化凶为吉的神物，号召全族人用野生蓝靛染制服装，于是，这被野生蓝靛染制的黑布服装便成为黑衣壮最为突出的特点。

姆渡几乎晚了1000年。

温暖、湿润、阳光充足的中国南方可以为稻米提供绝佳的生长环境，然而考古的发现却与之背道而驰。史前人类为何不首先在温暖潮湿的热带地区培植水稻，反而是先向中国长江中下游方向延伸？让我们先来看看黑衣壮的故事。

壮族是中国第二大民族，生活在广西壮族自治区的壮族同胞，仍保留着许多古老的传统。

广西西部山区，那坡县吞力屯，这里的人们以黑色为美，被称为黑衣壮。

黑衣壮的黑色衣服由蓝靛草浸染而成，他们相信，曾经治愈古代战士伤口的蓝靛草令这个种族得以延续至今。蓝靛草带来的这种深邃颜色始终提示他们，要坚毅和勇敢地面对生活。

从前，黑衣壮生活的地方是一片水草肥美之地，他们可以

母亲会为女儿佩戴双鱼对吻项圈

利用天然的动植物资源来满足生活的需要，所以他们对稻作农业的开发就显得没那么迫切了。

换句话说，如果食物随手可得，没有人会耗费精力去栽培、驯化新的物种。这就是中国南部地区虽然气候适合，但却晚于长江下游地区率先人工栽培水稻的原因所在。

双鱼对吻项圈

在黑衣壮的传统中，少女成年是一个不寻常时刻，母亲会为女儿准备一生中最重要的礼物双鱼对吻项圈，并且告诉她们祖先的故事。

这种双鱼对吻项圈，其上面的水纹与鱼形纹样暗示着他们的希望。

壮族至少有数千年种植稻米的历史，但今天的黑衣壮却生活在缺水地区，无法以水稻为主食，但心中却被祖先种下一个来生的梦想，那就是变成一条鱼，回到水草丰美、稻米飘香的地方。所以，鱼在黑衣壮心里非常重要，才会被人们镌刻在贴身之物上。

这些佩戴在黑衣壮身上的配饰提示我们，6000 年前甚至更早以前，中国南部温暖的亚热带气候适宜各种植物生长，当然也包括遍地生根的野生水稻。

双鱼对吻项圈

项圈上的鱼纹

当地村民吴老甩打磨半月形刀片

稻米之路，没有丝绸之路连接大漠天际的壮阔，没有瓷器之路在海天澎湃间的悲壮，其终点也不是皇宫和城堡，而是毫无痕迹，通过手手相传的方式在民间悄然延展。

从栽种到收割到保存，民间手手相传的不仅有技术，还有劳作工具。

收割完稻米，将捆绑整齐的稻穗挑回村寨后，村民们还要将稻穗悬挂在谷仓里，然后再耐心地等待一个月的时间，稻穗才能成为真正的食物。吃上一碗米饭，在黄岗侗族需要消耗巨大的体力和精力。

半月形刀片

在贵州省黎平县黄岗侗寨，有一种半月形刀片，当地的村民把这把打磨锋利的刀具，夹在食指与中指之间，靠腕力收割稻穗，这是侗族独特的收割方式。

它有一个形象的名字叫做“摘禾”。“摘”就是将稻穗一根一根精细收割，整齐的稻穗被捆绑成为长度均匀的稻捆。由于地形崎岖，机械化收割无法进入，只能采用这样的收割方式。这种收割方式的效率低得惊人，一天下来也只能收割半亩稻田。

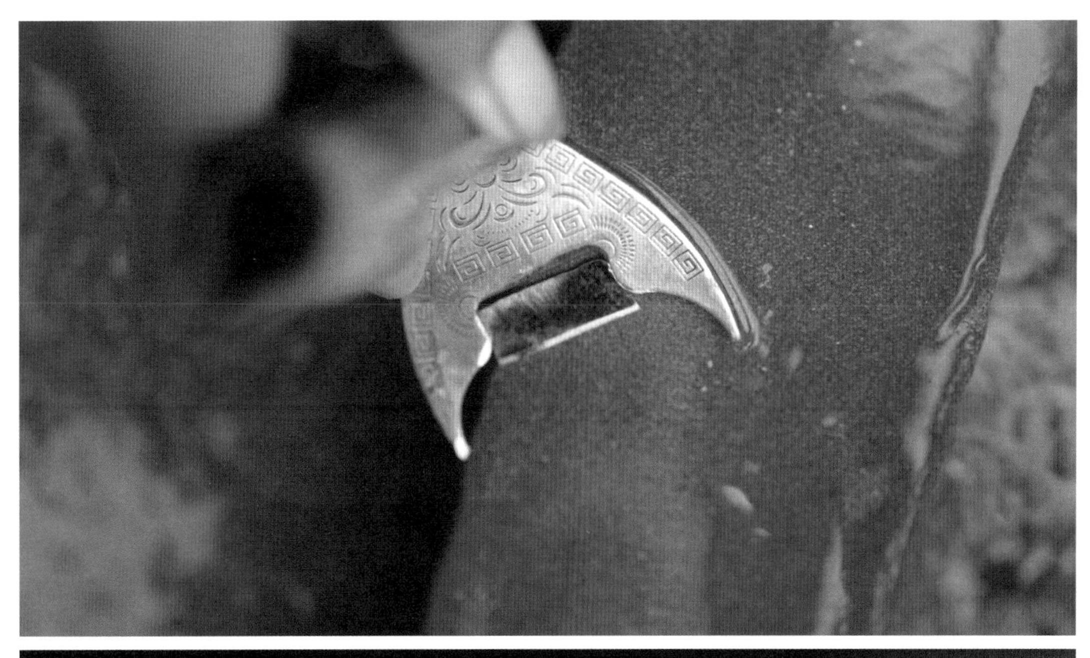

收割后的稻谷水分含量依然过高，只有经过充分晾晒才能进行后续加工，因此，贵州省黎平县黄岗侗寨侗族人建起高高的谷仓，并在底部蓄水，既让稻米干燥速度加快，又减小了鼠患影响。

侗族人将鱼苗蓄养在谷仓底部的蓄水池，待成熟后，再将鱼苗撒入田里。稻田的微生物为小鱼提供充足养分。待到收割季节，田地里已是鱼肥稻香，它们共同丰富了当地人的食物来源。

侗族人普遍居住在贵州山区，耕地面积十分有限，他们便想方设法开发土地的潜力。能够规划土地，并建立起一套行之有效的耕作系统，也许是人类最为伟大的发明之一。

黄岗侗寨

侗寨禾晾

草鞋山遗址

草鞋山遗址位于江苏省苏州市吴中区唯亭镇东北，是中国长江下游以新石器时代为主的遗址。遗址文化堆积厚达11米，由下而上依次为马家浜文化、崧泽文化和良渚文化遗存，还有少量大致属于春秋时期的遗存。在马家浜文化层，考学学家发现了炭化稻谷，经鉴定有粳稻和籼稻两种。

“草鞋山”稻田遗址老照片

水田的发明

1992年，中日联合考古队在苏州市郊外名为“草鞋山”的小土墩掘开一处古遗址，这里属于马家浜文化的一部分，距今6000年，是迄今为止最早的稻田遗址之一。稻田的出现，对于水稻的驯化而言，意义非凡。

并不是说稻作产生的时候就产生了水田，而是因为水田的发明，促进了稻子的区隔生产。因为水田更利于人们管理水稻，也更利于水稻品种的优化，所以水田是促进水稻生长的一个很重要的契机。

水田的发明，让人们可以更好地观察水稻，利用水稻，培育水稻，加速水稻各种方面的性状向今天成熟的驯化的粳稻发展。

石磨

磨，最初叫硙（wèi），汉代才叫作磨。石磨可以把米、麦、豆等粮食加工成粉末和浆。圆形石磨的使用在战国早期即已开始，在河北邯郸市区的遗址就发现战国时代的石磨一具，同样，在陕西临潼秦故都栎阳遗址也发现战国晚期至秦代的石磨。

先秦时期的古人吃的大部分主食都是粒食，也就是谷物经过简单的脱壳便成粒后放入锅中进行蒸煮，这种粒食很不容易消化。石磨的出现，彻底改变了人们的进食方式。

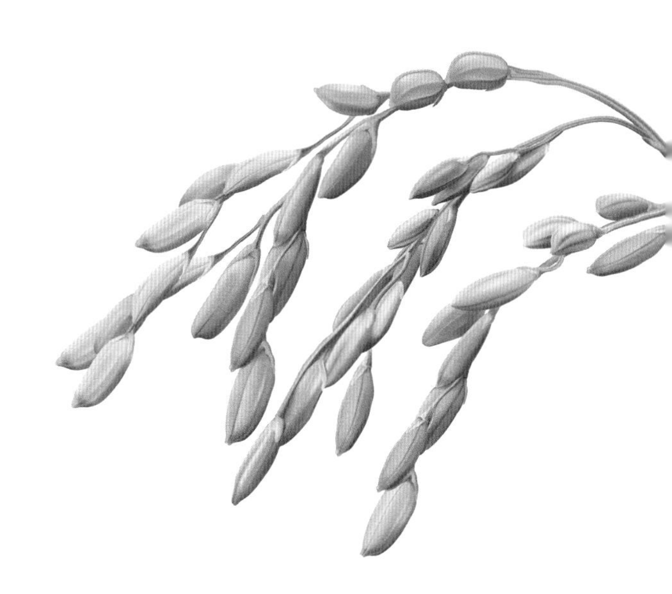

种植水稻的革新不仅仅体现在水田的发明上，还体现在各种农作工具上。

比如人们陆续发明了各种舂米工具。干燥后的稻米，经过石舂的反复捶打，稻粒便会轻易地与茎秆分离，之后由水力驱动的石磨反复碾压，脱去稻壳。至此，小半年劳动的成果，最终成为餐桌上那道软糯香甜的米饭。

精心打磨的刀片、笨重的石舂与石磨，在工业化之前，这些简单发明是获得食物最为便捷高效的工具。成熟农具以及稳定的生态系统，使族群不必四处迁移，开始长久稳固下来。

镰刀

镰刀

镰刀是农村收割庄稼和割草的得力工具，在现在的农村，农民收割庄稼还离不开它。在远古时代，先民用的是石镰。商周时期已出现青铜镰刀。大约从战国开始，铁镰逐渐取代铜镰，一直沿用至今。由刀片和木把构成的镰刀，比起石镰轻便了不少。

石舂捶打稻米

用石磨碾压稻米，脱去稻壳

在上海崧泽遗址，考古学家发现了石镰与石犁，它们属于马家浜文化晚期，距今6000年。

犁和镰的出现，标志稻作农业的规模化生产已经形成。此时水稻开始失去昔日“野性”，成为人们稳定的食物来源。

在栽培稻被驯化的过程中，它发生了很多改变，而其中最关键的改变，就是逐渐地变成由自然落粒到成熟后不落粒。因为它只有成熟后不落粒，才能够保证人类在稻谷成熟的季节能够百分之百地收获到劳动所得。

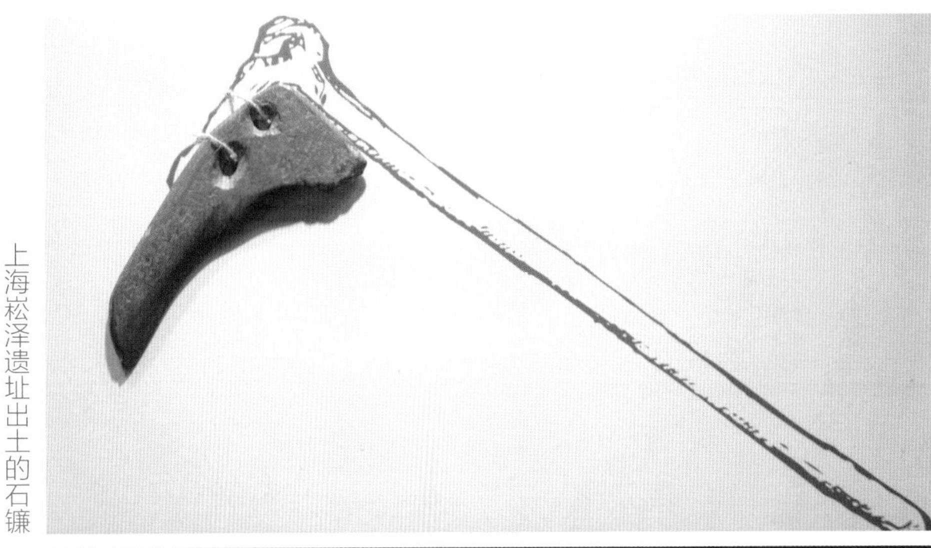
上海崧泽遗址出土的石镰

上海崧泽遗址出土的石犁

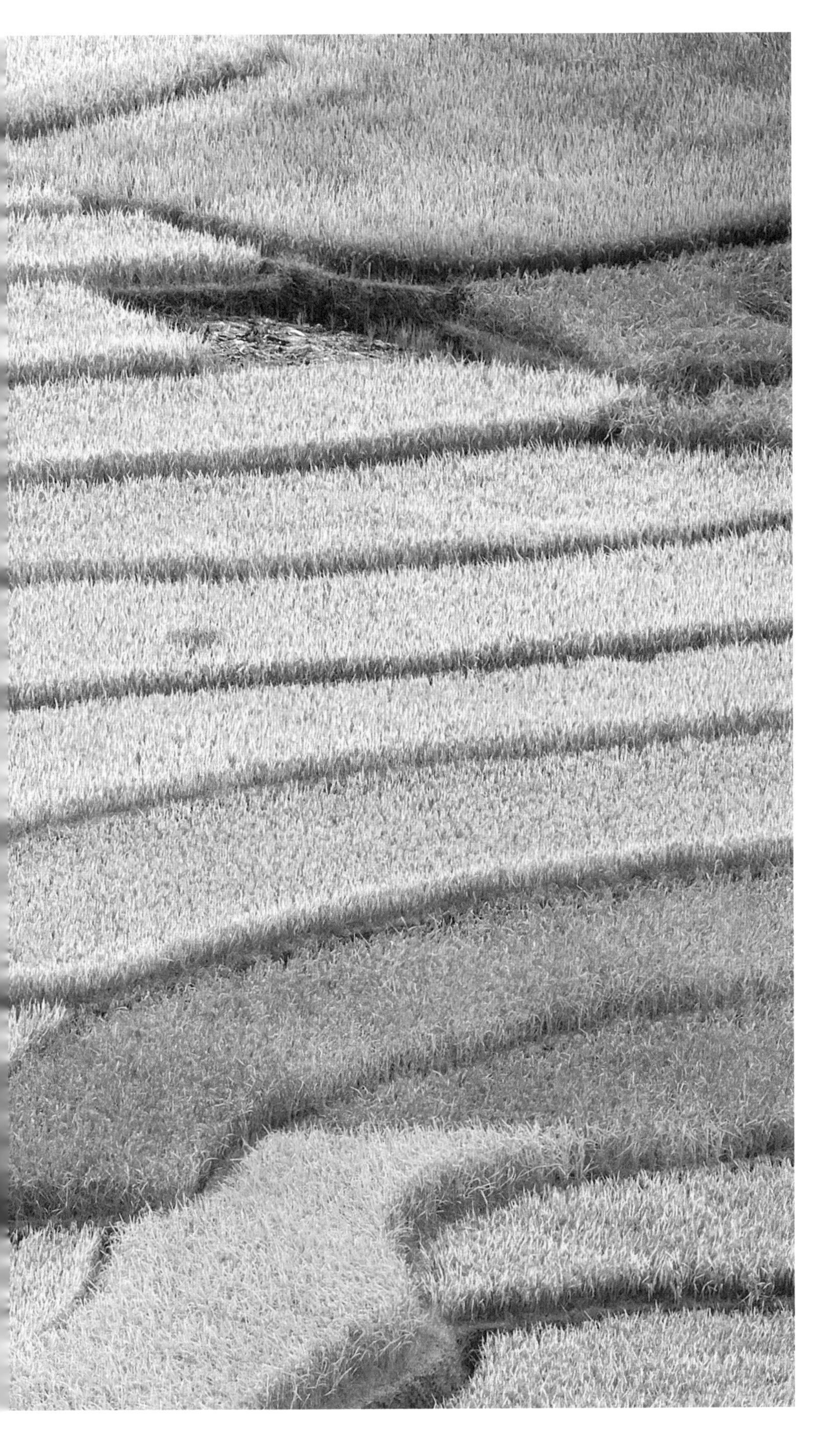

稻田和专属农具的出现，使得人类早期农业终于走向精准化。于是大米种植范围不断扩大，产量急速提高。集中且多产的稻作农业，推动人类社会跨越渔猎经济，进入农业社会。这个时候，一个巨变开始在人类社会中悄然发生。食物的增加和财富的积累，导致社会分化，于是城邦开始出现，并催生了最初的国家形态。

至此，起源于中国长江流域的稻米，已历经近万年的驯化和传播，这个过程几乎就是人类在自然中探索生存可能的过程。渐渐成为主食的稻米，如同被狂风吹散的柳絮，凭借人类的偏爱开始不断扩张自己物种的领地，成为地球上繁殖力最强的植物之一。稻米的传播，是物种演化的绝妙篇章。

在东亚这片最大的陆地上，千百年来无论发生怎样的历史变迁，稻作农业始终由南往北、由东向西传播，在中国形成独特的稻作文明，并将影响力扩散到四面八方。

依赖潮湿环境的水稻如何在我国北方与小米和小麦争夺餐桌？

第二辑

逐鹿中原

水稻，这种起源于中国南方的栽培作物，经过数千年的传播，养活了地球上超过一半的人口。竞争，不仅存在于人类社会，在植物世界里甚至更加残酷。

水稻用尽各种方式，在中国北方由西向东，从干旱的高原到寒冷的东北，它改变自己的生长特征，竭尽全力繁衍下来，并影响了中国人的生活方式。

随着人类文明的交流与传播，南方的稻米种子一路北上，最终在北方落地生根，结出金黄的稻穗。让我们一起去看看，起源于中国南方的大米，是如何跨越长江流域，在中国北方与小米和小麦争夺人们的餐桌。

吉林省的稻田景观

青海省阿咪东索峰顶的积雪终年不化

小米遗存

从甘肃到内蒙古，从河北到河南，考古学家都发现了数量不等的小米遗存。在距今约 1 万年前的北京东胡林遗址，考古学家发现了粟和黍的籽粒。由此可见，中国小米的栽培过程，可以追溯到距今 1 万年前。

距今约 6000 年前，小米已在黄河中下游地区广泛种植。以耕种粟和黍这两种小米为特点的旱作农业，在史前已经成为中国北方地区仰韶文化分布范围内的经济主体。

粟和黍：中国北方的农业起源

中国西部边疆有着一望无际的雪山草地，这里的地理环境可谓艰难险阻。当然，这种地理环境的好处是确保了东亚大陆的稳定与安全。千百年来，那些历经艰险、横穿亚洲大陆的旅行者，悄然改变了中国北部的饮食习惯。

粟和黍是我们中国北方的农业起源。所谓粟就是我们现在所说的谷子，俗称小米。所谓黍就是我们现在所说的糜子，俗称大黄米。

奶制品和肉类是古代游牧民族的主要食物。在漫长历史中，稻米，这种定居民族的主食，如同今天的进口食品，对于中国西部的人们而言充满了异域风情。

黍，即大黄米

黍

黍，又称大黄米，虽然现在在餐桌上很难看到它的影子，但是在3000年前中国人的“食谱”里，它的地位可是重量级的。中国传统的农业“五谷”里，“黍”曾长期位居第一位“黍”。如今，在山西广灵等地，人们还会把黍磨面做成糕，油炸一下，就是美味的黄糕。

粟

粟，通称“谷子”，谷粒去皮后称为“小米”，除了作为餐桌上的主食，粟也是制饴糖和酿酒的原料。在黄河流域，史前考古发掘的粮食作物大多是粟。在唐代以前，粟一直是中国北方民众的主食之一，一直到宋末，随着稻、小麦的逐渐发展，粟才逐渐退出人们的餐桌。

粟即小米

水稻在北方

从前许多人认为，中国北方地区气候寒冷干燥，喜欢温润潮湿气候的稻米难以大面积生长。但这个结论也许是一个错觉。

中国东北部，早在清康熙年间，这里便开始为朝廷种植“贡米”，当年这里的水田被称为“御粮田”。东北地区的先民，就是在严寒的缝隙里，寻找适合水稻生长的空间，鸭绿江、图们江两岸逐渐稻米飘香。

东北先民也许没想到，脚下肥沃的黑土地恰好位于地球“黄金水稻种植带”上。稻米是如何从温暖的中国南方来到寒冷北方的呢？

贡米

贡米也称作御米，是古代献给皇帝的大米，如湖北的京山桥米、陕西汉中贡米、重庆酉阳花田贡米、湖南的鱼泉贡米、江西的万年贡米、宁夏的叶盛贡米等。

在中国古代封建社会，盛产稻米的地方会对本地优质稻米精心挑选，把最好的敬奉给皇帝享用。如果一个地方的米被称为贡米，那无疑是对当地稻米的最高褒奖。

东北黑土地上即将收割的黄金水稻

陕西关中地区是中华文明起源的核心区域之一，这里埋藏着无数奇珍异宝。许多早期文明的秘密，都能在泥土下找到证据。在距离西安市区 20 多千米的杨官寨村，考古学家发掘了一个史前遗址。

考古专家肯定，在杨官寨村发现了距今 6000 多年的庙底沟时期大型环壕聚落。6000 年前，一个真正地广人稀的时代，这里怎么会有那么多人聚集在一起？

考古学家推断，首先那个时候此地应该有高度发展的农业。只有有高度发达的农业，人们有饭吃，解决了温饱问题，才可能发展出这么高等级的一个文明。杨官寨村处于关中地区，6000 多年前，当地的先民利用关中得天独厚的自然环境发展了农业。

我们能否据此推测，眼前这片环壕遗址上曾经也是稻米飘香？尽管在这里尚未发现稻米踪迹，但是考古学家却给出了另外的证据。

陕西关中稻田

杨官寨村史前遗址

杨官寨遗址

杨官寨遗址位于西安市高陵区姬家街道杨官寨村，海拔约 498 米。杨官寨遗址属仰韶文化范围。在杨官寨遗址考古发掘中，最大的亮点就是发现了庙底沟文化时期（公元前 4000 年到公元前 3500 年）一处大型环壕聚落。所谓的环壕聚落，就是大型人类聚居地。这个聚居地有多大呢？它的面积居然达 24.579 万平方米，大约相当于 40 个标准足球场。有考古专家推测，这里可能为当时的一处中心聚落，可能为 5500 年前的原始城市，人们由此可以看见“城镇”的雏形。

关中平原的稻田

陕西华县泉护村，距离杨官寨村约100千米，每逢清明节，当地人会制作面老虎来祭祀亲人，这是当地的一个很古老的习俗。

在这个宁静的乡村，一到清明，无忧无虑的孩子就等着吃家里人做的“面老虎”，一团团糯米粉在华县人的巧手下变成了生动细腻、虎虎生风的面老虎，刚出炉的面老虎洁白如玉，散发着糯米的清香。只是现在的华县人或许并不知道，6000多年前就已经有先民在这里耕耘，生产“面老虎”的原料——稻米。

面老虎

在陕西华县，人们把糯米粉蒸熟捏成老虎的样子，寓意家里人吃了以后身体生龙活虎，这道食物也成了中华民族饮食文化的活化石。

清明节前两天，华县的男人们会提前去外面砍一些柳枝回来，家里的女人们则会提前蒸好面老虎，在清明节当天用绳子将面老虎挂于上坟时扛的柳树枝上，上坟时带去祭奠逝去的亲人。

形态可爱的面老虎

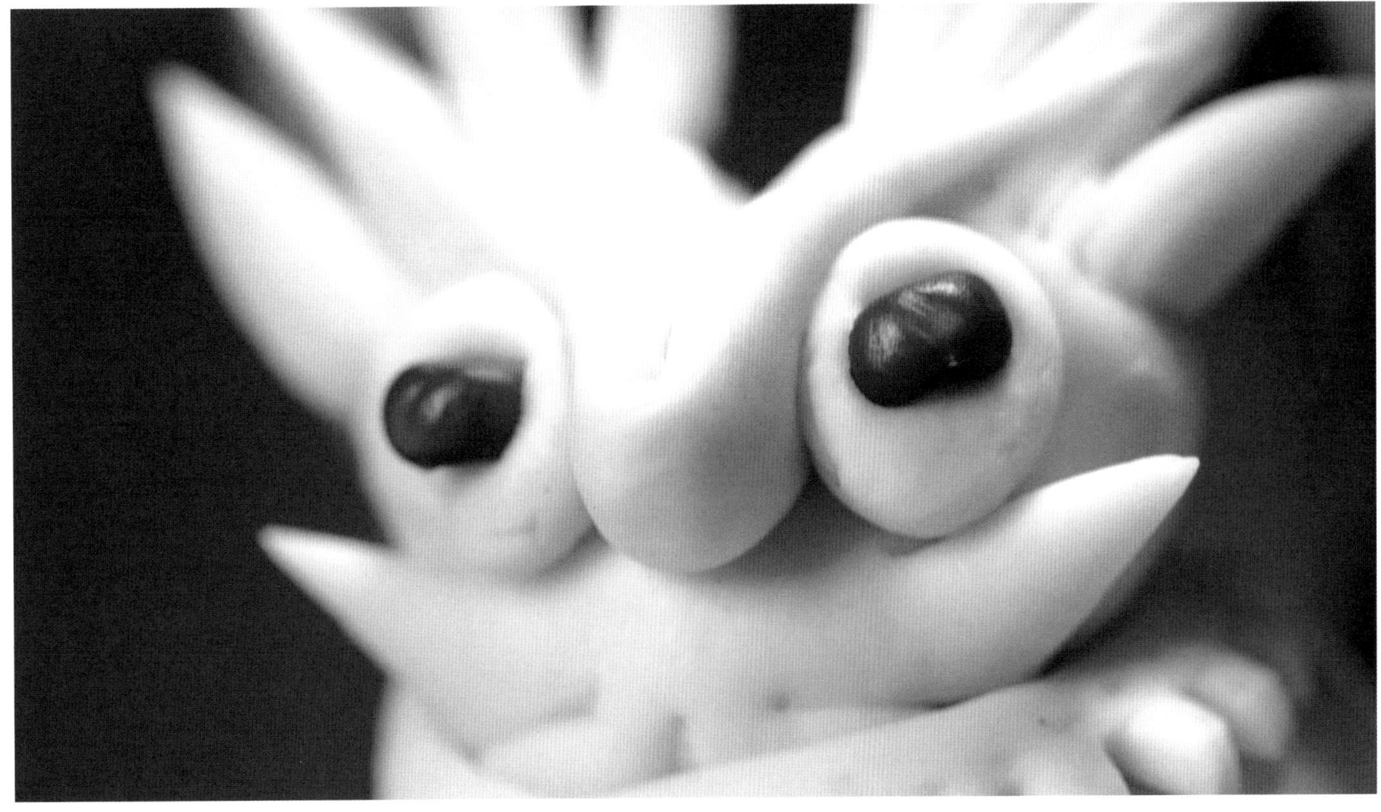

考古学家在泉护村进行了三次大规模的考古发掘，在这几次工作中，考古学家发现了稻米遗迹。这里发现的一颗炭化的物体，经过鉴定就是6000多年前的稻米。

既然杨官寨遗址和泉护村遗址处于同期，由此可以推断，杨官寨之所以有大量的人聚集于此，是因为稻作文化。在遥远的新石器时代，稻作文化从南方影响到了关中，水稻已经在关中地区扎根落脚。

关中地区稻田

泉护村遗址

泉护村遗址，位于陕西省华县柳枝镇泉护村、安堡村，为新石器时代的遗址。泉护村遗址中发现了仰韶文化的典型墓地和居址。泉护村遗址文化遗存很是丰富。在泉护村遗址中，考古学家发掘了绘有“太阳鸟”图案的陶钵，彩绘十分生动，这一陶钵的发现说明先民们将自然生灵作为精神寄托和崇拜对象。

同时，考古人员还在泉护村遗址发现了玫瑰彩陶缶。黑白分明的对比，代表着日月更替；四朵连枝花蕾，象征着四季的轮回，可见先民已经开始认识宇宙，对自然现象有了探索。

泉护村遗址发现的碳化的稻米

玫瑰彩陶缶

鸟纹陶钵

水稻的名字之所以叫水稻，是因为种稻需要水，水源是种植水稻很重要的条件之一。当时的关中地区水源比较丰富，所以关中地区从西周开始，到汉朝，再到唐朝，水稻种植业一直是比较发达的。

中国最古老的诗歌总集《诗经》中就有“滮池北流，浸彼稻田”的描述，说明当时通过人工灌溉和水温调节，水稻种植在北方取得成功。

三国之后，不仅在关中地区，今天的北京、河北南部、山西南部以及河南南部等地都已经有了广泛的水稻种植。

京西稻

京西地区栽种水稻的历史很是悠久，据记载，三国时曹魏便在此建渠种稻，至今已有1700多年历史。元代水利学家郭守敬开通通惠河之后，北京地区水稻的种植更是有了水源的保证。京西稻发展至乾隆后期，种植面积已达到一两万亩。传世名著《红楼梦》中还提到过京西稻，贾府的庄头乌进孝进贾府交租，常用米千余石，而专供贾母享用的“御田胭脂米”只有二石，而这宝贵的二石胭脂米指的就是京西稻。

今天，我们把稻田耕作看作理所当然，但在数千年前人们的眼中，这种平整漂亮、一望无垠的稻田却极为罕见。风景优美的稻田，其实是人类经过漫长时间，成功驯化水稻的结果。

驯化水稻，这种来自南方的农作物，似乎早在数千年前，在中国北方就已经得到重大胜利。然而，当面对黄河流域那些耐旱作物的时候，似乎有点后劲不足。即使北方有水稻耕作，北方先民的主要粮食也还是小米。

山西省侯马乔山底村粮仓

在山西省侯马乔山底村，考古专家发掘了两座距今4000多年的粮仓，其容量大约分别为25立方米和40立方米。在粮仓底部发现了大量的炭化谷物，经过鉴定，这些谷物是“粟”，即小米。

按照推算，这片土地下发掘出的两个粮仓总共可储存大约8万斤小米。数千年前的有机物，还能如此完好保存下来，除了证明当地气候干燥之外，还能说明，6000年前，小米已经在黄河流域普遍种植。

炭化的谷物

这些炭化谷物，就是当年田建文在粮仓底部发现的。经鉴定，它们正是小米，也就是五谷中的“粟”。

小米遗存被吸附在这密密麻麻的孔洞中

在粮仓底部发现了大量的“粟”

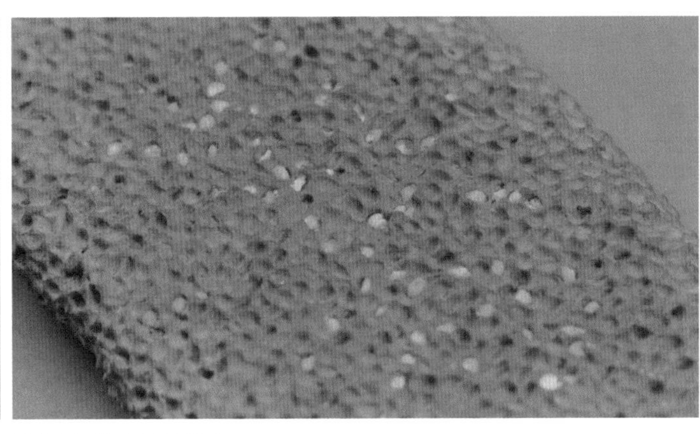

孔洞中的小米遗存

粟，即小米，是中国本土的作物，不是从国外传进来的。也就是说小米的种植，最早是中国人首创的。

小米适应性强，抗旱能力超群，所以有“只有青山干死竹，未见地里旱死粟”的说法。

因为小米有着超强的适应能力，种子撒下去很快长出来，既耐干旱、贫瘠，又不怕酸碱，所以它在我国南北干旱地区、贫瘠山区都有种植。所以，在稻米成为餐桌主角前，老百姓吃的主要是粟米。

古代五谷之首

作为世界上古老的作物之一，粟在中国的栽培历史有七八千年之久，粟在人类历史的发展进程中占据重要地位。在新石器时代晚期以前，当时的主要粮食作物是黍，慢慢地，粟取代了黍的地位，成为当时北方地区最主要的粮食作物。到了魏晋南北朝时期，粟作的发展达到兴盛，粟也成为“五谷”之首。

古人食用粟米的主要方法是直接焖饭或是煮粥，同时他们还会把粟加工成各种干粮食用，除此之外，小米也是当时酿酒做醋的重要原料。

8000 年前，黄河流域的气温比现在平均高出约 2.3 摄氏度，植被茂盛、湖泊广阔、雨量充足，因此它孕育了中国早期发达的农业文明。在五谷中，适合旱地生长的“粟”，也就是小米，最早在黄河流域广泛种植。

而水稻，自从数千年前由中国南方传到北方黄河中下游地区后，就竭尽所能争取一席之地。

但是，在当时，即使在水资源丰富的地方种水稻，也不是全面种植水稻，因为北方地区的当时的主要作物还是小米，水稻尚未占据主导地位。

黄河中下游稻米遗存

距今6000多年前的陕西鱼化寨遗址、华县泉护村遗址都发现有稻米遗存。距今4000～4500年，分布于黄河中下游的上千处“龙山时代”考古遗址中，也普遍发现稻米遗存。而在被考古学家推断为夏王朝都城的河南偃师二里头遗址中，更是发现了数量可观的稻米遗存。

山西襄汾的汾城镇，因在汾河岸边而得名，已有近2000年历史。山西人，对醋都有一种难以割舍的酷爱。汾城人也爱醋，但却有汾城人的与众不同之处。

一般的山西醋使用高粱作为原料，而在汾城，这里酿醋却是以小米为原料。

酿醋的师傅沿用古法酿醋。将小米放入陶缸内，用黄土和麦秸秆做成缸盖，盖得既不能太密实也不能太稀松，必须不断地透气，经过大约半个月的时间，小米开始发酵了，密封三四个月后，米醋便酿成了。

谁也说不清，用小米酿醋的习俗从何而来，但小米醋以及其精湛的酿造技艺在醋业生产历史中有着不可低估的地位与意义。

装醋的陶缸

用黄土和麦秸秆做成缸盖

制作完成的缸盖

小米醋是醋类中很重要的一个品种，它的发祥地就是在山西省襄汾县汾城镇一带。东汉泰山太守应劭所著《风俗通义》中有这样的记载：“古太平蓂荚生于阶，其味酸，王者取之以调味，后以醯醢代之。”这里的“太平”指的是汾城镇，“王者”指的是尧王，“醯醢”即醋的别称，小米醋酿造技艺即是在尧时开始孕育的。小米醋色泽金黄清亮，味美甘香，口感酸、甜、醇，不仅可以调味，还能入药疗疾。

汾城，这个地方的生活节奏，舒缓得有点漫不经心。这座城市就像一位看过风雨的老人，不慌不忙，举重若轻。

缓慢的节奏，意味着无论观念还是习俗的更新总是稍慢一步。也许赶不上最新潮流，但也没有丢失最初记忆。

用小米来酿制人们最喜欢、消耗也大的醋，似乎说明了这种食物曾经多么普遍。由此可以推测，数千年前，小米已经是黄河流域人们的主食。

汾城古镇，千年古镇

汾城古镇，原为古太平县城。古太平县城在唐贞观七年（633）由古城镇迁于此地，经历朝历代建设，在汾城留下大批古建筑，被誉为“山西省十大古建筑群之一”。

“家家有醋缸，人人是醋匠”。四季里，浓郁的醋香弥漫在汾城古镇的街道上。在这里，小米醋的酿造工艺亦和中华民族一起跨越千年岁月。

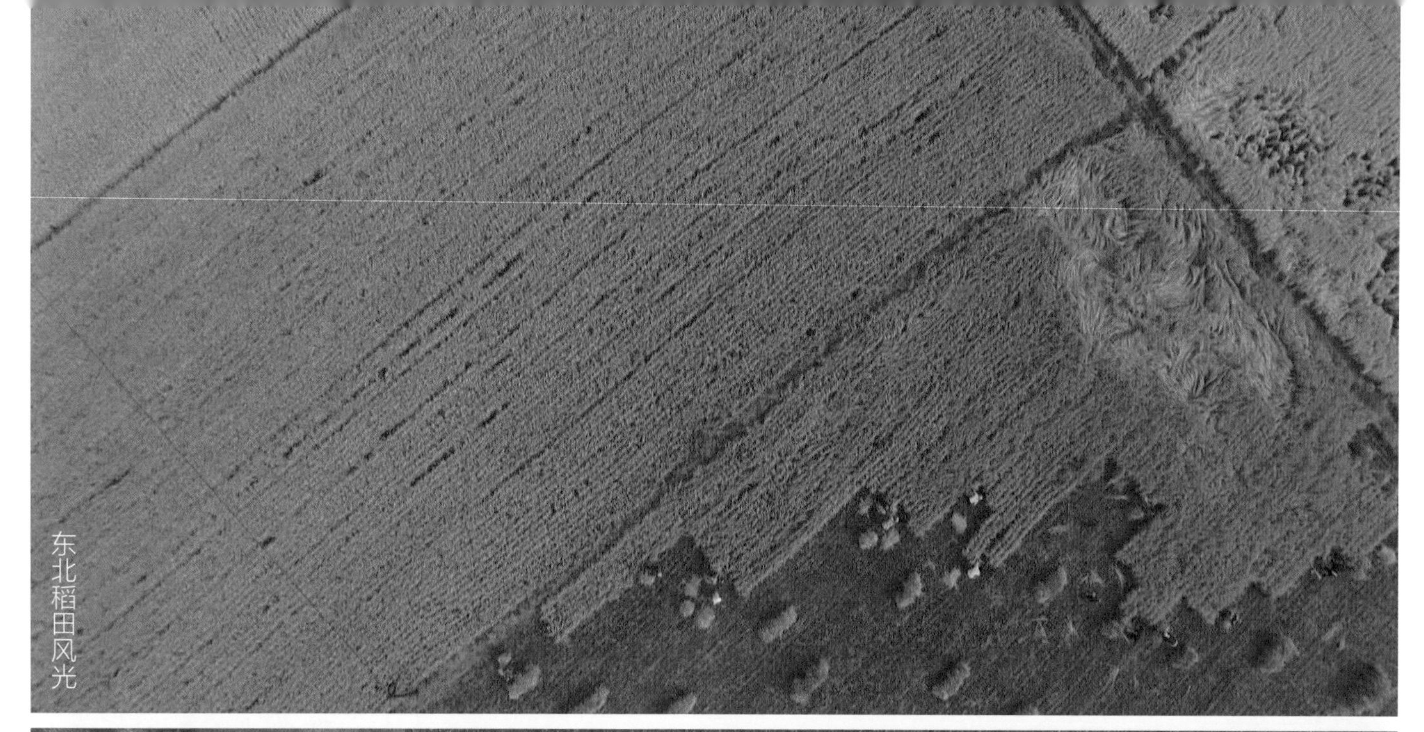
东北稻田风光

收割下的水稻

与耐旱的小米相比，稻米，这种来自中国南方的作物似乎有点水土不服，如果就此却步，今天中国北方风俗可能全然不同。困境之后便是柳暗花明。这一次，是人类观念改变了稻米在北方的遭遇。

在人类社会，稀缺的东西才是紧俏资源。孔子提到“食夫稻，衣乎锦”，说明在当时的北方地区，食用稻米竟然被视为享乐之事。因为稀缺，反而得到了人们的青睐。中国人此时竟然以“是否能食用稻米”来标示自己的阶级和身份的高低。

受到追捧的稻米开始在中国北方广大地区，尽己所能地发挥生物特性，在严酷自然竞争中寻找最适合自己生存的生态位置，哪怕是“委曲求全”也在所不惜。

碗里的米饭何其珍贵

古代，在皇家贵族之间，送米可是很上台面的一件事。直到清代这种情况仍然如此，只有清朝皇室和达官贵族才能常常吃到米。据说清代宫廷里办国宴，大臣需要自掏腰包，挣得多掏得也多，供给国宴饭菜。饭菜太多吃不完，这时就要“抢桌子”，抢的是剩饭剩菜，不论职位高低，多抢多得，打包带走，谁也不会笑话谁。

甘肃张掖市

甘肃省张掖市，位于中国甘肃省西北部，其地名便来自“断匈奴之臂，张中国之掖”的含义，坐落在古丝绸之路上的这座城市，是游牧民族和农耕民族必争之地。

泛着土红色的群山如同一团团烈火，壮观的丹霞地貌上干旱无比，寸草不生。然而70千米之外，同样在10月初这个已经凉气逼人的西北，却是另外一番景象。

乌江镇的村民正在收割水稻，他们认真地劳作，如同在举行一种仪式。如果我们俯瞰，便可发现，他们种植的3亩水稻田是被玉米地团团围住的。

中国西北地区大多干旱少雨，但乌江镇却与众不同。祁连山上的雪水融化后形成中国第二大内陆河——黑河，黑河从张掖市穿城而过，滋养出沙漠中的大片绿洲和湿地。

黑河边的稻米

乌江镇，是张掖地势最低的位置。自古以来，这里溪流密布、水量充足、土地肥沃，有着得天独厚的水稻种植条件。

祁连山上的雪水犹如清泉，加上西北高原充足的阳光，为当地水稻生长提供了充足条件。

乌江镇的人们就在黑河水边种植稻米，于是这种作物在大西北一片不毛之地的包围中茁壮生长。

稻田里用于驱赶鸟类的假人

皇家乌江贡米

在乌江镇人们的记忆里，稻米虽然从未成为主食，但却令当地人们魂牵梦萦。有的村民小规模地种植水稻，很大程度上就是因为放不下心中那一丝丝摸不着却又忘不了的执念。

在他们儿时的记忆里，乌江大米是如此之香，即使没有菜，光吃米饭也觉得香气四溢。用乌江大米熬出来的米汤都是鲜的。

乌江大米

张掖乌江镇一带历来盛产稻米，这里的乌江大米已经成为当地的一大特产。乌江稻米种植的历史很是悠久，最早可追溯到唐朝。

黑河沿岸水量充足，土壤也十分肥沃，很是适合种植水稻。乌江大米颗粒很大很长，晶莹剔透，吃起来米香浓郁，历史上曾列为贡米供应皇宫御用。

稻米和人类的关系，随着时间的推移而越发紧密。最早那些种子会自行脱落的野生稻已经渐渐退出历史舞台，重新回到荒山野岭自生自灭。而受到偏爱的栽培稻，在依靠人类培育的几千年后，几乎遍及整个地球，但这个物种也渐渐失去自我传播和繁衍的能力。

水稻，在中国南部温润环境中能够肆意滋长。但在西北，经过千年的努力却依然星星点点，成就寥寥。自然世界，总不会为某种生物长时间预留机会。生死幻灭留下的空白，总会被后来者迅速发现和填补。

马家 真
羊蹄专卖
老米家泡馍总店
汤鲜肉烂
一站式购物·买放心产品
开斋
香酱牛肉
牛肉面
老酸奶
老字
饺子
精选食材

羊肉泡馍

西安回民街

羊肉泡馍

说到陕西名吃，一定会想到羊肉泡馍。羊肉泡馍，古称“羊羹”，北宋著名诗人苏轼留有“陇馔有熊腊，秦烹唯羊羹”的诗句。

羊肉泡馍的烹制方法十分精细，包括烙馍、煮肉、切肉、煮馍等工艺，工序复杂，一丝不苟。羊肉汤肉烂汤浓，肥而不腻。馍酥脆干香。

关于羊肉泡馍的来历，有种说法是与北宋太祖赵匡胤有关。赵匡胤年轻的时候，有一天来到西安，他手中攥着一块凉了的“馍”，饥肠辘辘，一对煮肉铺的夫妻给了他一碗羊骨头汤，让他泡馍吃，他吃完以后满足极了。他发达后，再次来到西安城找到这对老夫妻要求吃羊肉泡馍，由此羊肉泡馍这种吃法便传开了。

丝绸之路，世界上一条伟大又艰苦的商贸之路，为欧亚大陆两端从未谋面的人们，带来奇珍异宝和勃勃生机。随着远方而来的客人，一个新的物种飘然而至。在未来的千年里，它将在中国北方攻城略地，最终成为毫无争议的王者。

在西安的回民街，人们把馍掰成小块，浇上羊肉汤，一碗热腾腾的羊肉泡馍就做好了，四溢的香味令人垂涎欲滴。而这个馍的原料就是小麦面粉。

既不是西北传统的小米，也不是来自中国南方的稻米，小麦这种食物从何而来？

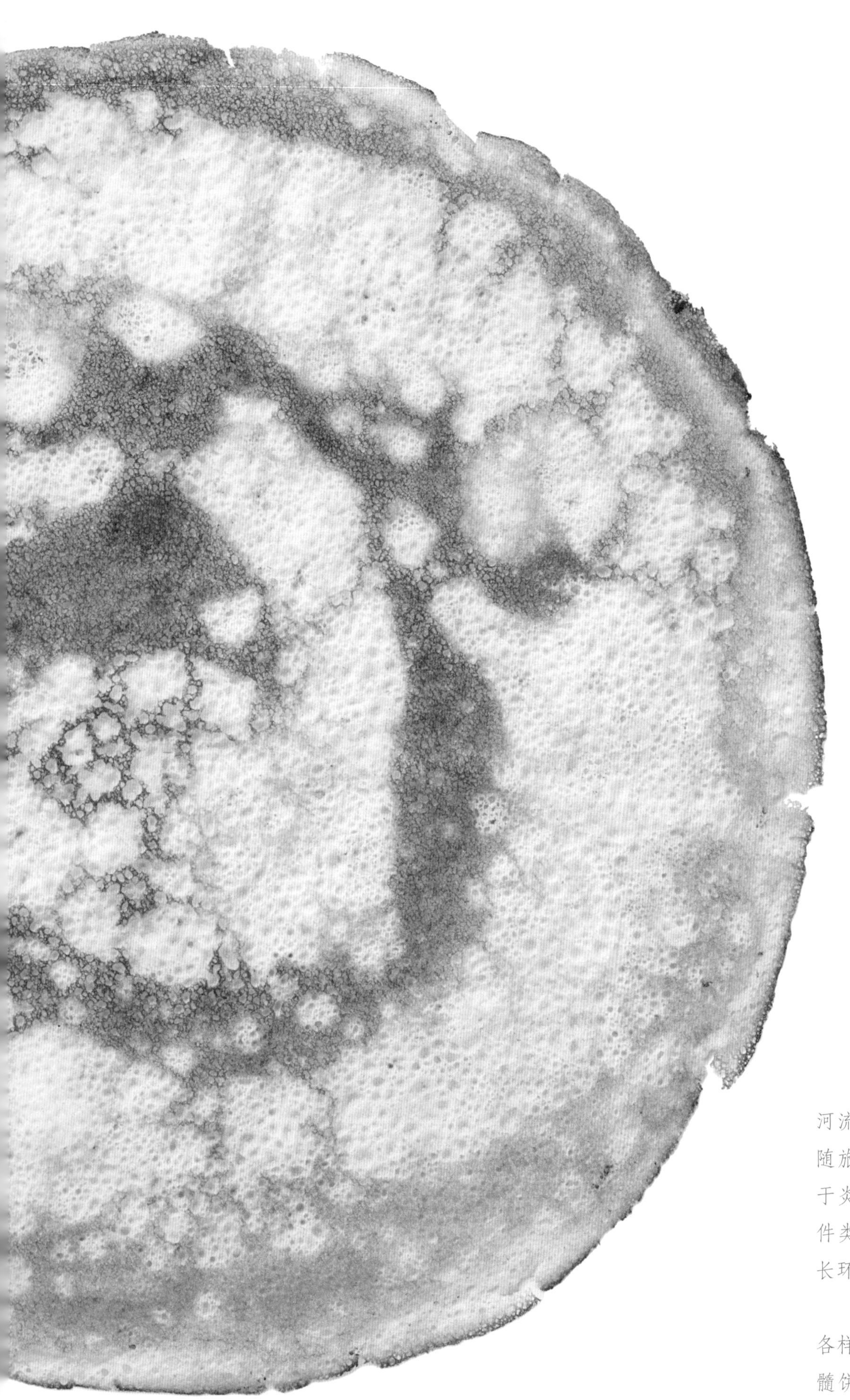

据推测，小麦这种原产于西亚两河流域的作物，应该早于唐代就已经随旅人的脚步来到了中国。这种原生于炎热干旱地区的农作物，在地理条件类似的中国黄河流域找到了最佳生长环境。

古人用小麦磨成面粉，做成各式各样的饼。胡饼、蒸饼、汤饼、蝎饼、髓饼、金饼……历史上，饼的做法也多种多样。

西安

小麦的传入

唐朝的长安城是一个国际化大都市，可以说是东亚的第一大都市，城市中生活着许多胡人，满街上开着异域风情的店铺。

在中国历史上，最先感受来自西亚信息的地方，非大唐故都长安莫属。古长安，早在秦汉时期就是世界上最大的都城。唐代，这里更是极尽繁华，各色人等会聚这里，不同文明在这里相互交融，其中也包括饮食文化。

唐代的文献上记载着关中和长安的饮食，那时候主要是以小麦做的面食为主，比如胡饼，它和我们现在吃的馒头、烧饼类似。

麦田

在距今4000 ~ 4500年，小麦传入了中华文明的核心区域，也就是现在我们常说的黄河中下游地区。

在缺乏食物的古代，人们对任何一种食物不仅保持欢迎的态度，更有一种改造的热情，对小麦同样如此。

耐寒的小麦

小麦具有耐寒冷、耐干旱的特点这一特点让小麦在寒冷期占尽了优势在别的农作物出现减产时，小麦迅速地填补了上来。

因为耐寒能力强，它可以秋种夏收，而中国原有的粮食作物一般都是春种秋收，小麦正好可以利用秋收之后的土地进行种植。从周代开始，中国的最高统治者就开始了对小麦的关注，甚至每年秋季都要亲自劝民种麦，毕竟小麦秋种夏收的特点可以为人们提供更多的粮食。

然而，收获之后，人们面对丰产的小麦却面露难色，因为当时的中国人习惯用蒸煮方式来烹饪小米和大米，而蒸煮之后的小麦，却令人难以下咽。

中国古代先民在很长一段时间，不喜欢吃小麦。甚至认为“麦饭豆羹，皆野人食也。”意思就是拿麦子煮的饭、拿豆子煮的羹，这都是下等人吃的东西。

是的，当小麦刚传入中国的时候，人们还尚且不知道把它磨成粉再加工，光是蒸煮成的麦饭，让人对小麦喜欢不起来。

一种食物，如果口感不好，久而久之一定会被人类所厌弃。小麦，这种来自西亚的作物，在面对土生土长的小米和稻米时，似乎有点后劲不足，难以与它们竞争。

恶食

当时人们像吃稻米一样食用小麦，人们将小麦麦粒脱皮，经过蒸或者煮后食用。麦粒脱皮脱得并不干净，麦饭吃起来不但粗粝，还有些黏牙。

“麦饭”因颗粒坚硬，口味较差，也不便消化，使其在很长时间被视作“恶食”。“麦饭豆羹”“麦饭蔬食”也常被用来比喻为粗劣的饭食。

小麦传入中国，并没有迅速地取代当地原有的农作物小米。但是到了汉代末期，小麦逐步地在黄河流域地区开始普及开来，最终取代了小米，成为中国北方地区的主体的农作物，也是北方地区人们的主要的食物。促进这种改变的是一种叫石磨的工具。

小麦的颗粒很硬，如果直接煮食口感不佳，但汉代的一项小发明，却让小麦摇身一变，成为餐桌上的王者。这项发明便是磨。

磨是一种我国重要的粮食加工工具。有了石磨，小麦变身为面粉，开始参与更多食物的制作。

石磨工作原理

石磨可以把米、麦等加工成粉。石磨由两块尺寸相同的短圆柱形石块和磨盘构成。磨分为下扇（不动盘）和上扇（转动盘），两层的接合处都有纹理，粮食从上方的孔进入两层中间，沿着纹理向外运移，在滚动过两层面时被磨碎，形成粉末。

小麦登上国人餐桌，作用最大的一个助理工具就是石磨。有了石磨，人们开始将外壳坚硬的小麦磨成粉，不但让粗粝的麦饭变得好吃了，而且磨成面粉后还衍生出丰富多彩的面食。

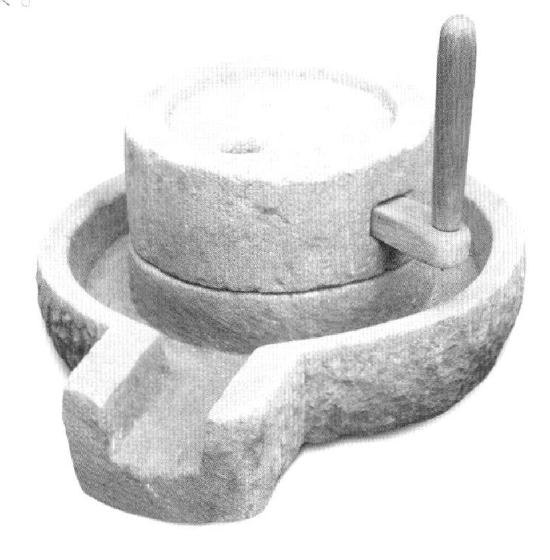

古代农业技术的探索

石磨这种粉碎工具的出现是人类食物加工历史上一个重大事件。它将小麦碾碎成粉末，制作成各种面食。不仅如此，数百年后，当北方的移民前往中国南部，更将这种技术用于粉碎稻米，最终成就了今天长江以南广大地区丰富的米制食物。

由于缺乏适合的地理和气候条件，与南方比较，中国北方地区的农业技术始终保持着探索的状态。为了解决农田供水问题，秦朝修筑郑国渠，保证了帝国的农业生产，这个大型水利工程直到今天依然雄伟壮观。

接着，农耕工具的发展和石磨的发明，令秦汉之后农业技术达到很高的水平。到了今天，在中国偏僻地区，依然能看到当年留下的技术痕迹，比如耕牛身上的犁。

郑国渠

郑国渠位于今天的陕西省泾阳县，古代劳动人民修建的这项伟大工程是最早在关中建设的大型水利工程，它长达 300 余里，也就是约 150 千米。郑国渠的修建，大大改变了关中的农业生产面貌，它把泾水引入洛水，使得雨量稀少、土地贫瘠的关中农业迅速发达起来，从而变得富庶甲天下。

陕西咸阳郑国渠泾河大峡谷

陕西华阴，一群老人用华阴老腔唱着《关中古歌》，当地人用老腔来传唱故事，带着些许古代的情怀。

有人认为，这种唱腔最早是用来祭祀和鼓舞战斗士气的。

距离这里不远的地方，就是西汉粮仓——京师仓遗址。

可以想见两千多年前，无数粮食从全国各地而来汇聚于此。当时，华阴的漕运直通长安，粮食经过渭水往西，源源不断运到长安。

有专家推测，老腔可能是从船工逆水拉粮船所喊的号子演变而来的。带头船工为了统一大家的动作，一边喊着号子，一边用木敲击船帮，形成了现在老腔里的“拉坡调”。

时间让船工的号子以及这个帝国粮仓都了无痕迹，消失在历史的长河中。而豪迈的老腔似乎告诉我们，秦汉之际，这里曾经多么繁华和美好。然而一切在秦汉盛世之后被改变。

陕西渭南华阴风光

华阴老腔

老腔是中国最古老的音乐之一，至今已有两千多年历史。老腔的声腔具有刚直高亢、磅礴豪迈的气魄，听起来也有一种追求自在、随兴的痛快感，更是有一种黄土高原的豪迈感。

华阴老腔有着很突出的说唱特点。在 2006 年 6 月，华阴老腔被列入首批国家级非物质文化遗产名录。如今的华阴老腔，俨然已成为陕西传统戏曲文化的代表性符号。

正在演唱华阴老腔的老人们

老人们用老腔来传唱故事

杭州京杭大运河夜景

为稻米运输而诞生的运河

穿越丝绸之路，前往中国的除了西亚文化和全新农作物，还有强悍的骑兵。公元 311 年，由西而来的匈奴人攻陷洛阳，俘虏了晋怀帝。公元 316 年，晋愍帝投降匈奴，西晋灭亡。公元 317 年，西晋宗室琅琊王司马睿在建康称帝，建立东晋。这是中国古代政治和文化精英首次集体迁往南部的长江流域，史

称第一次衣冠南渡。

西晋末年，匈奴攻陷洛阳，为逃避北方战乱，西晋朝廷和贵族南迁到长江流域，当然一起南迁的还有许多老百姓，这就使得长江中下游地区开始展现蓬勃经济活力。

“之”字形的京杭大运河

隋唐时期，随着北方政权的恢复，朝廷对稻米的需求出现越来越旺盛的趋势。为此，历史上的政权都一直在努力提高北方的稻米供应量。然而，北方适宜水稻生产的地方非常有限，怎么才能让南方的稻米运到北方呢？于是，京杭大运河这一伟大的工程应运而生。隋唐时期的大运河以东都洛阳为中心，南起余杭（今杭州），北至涿郡（今北京），恰似“之”字。

大运河建好后，如果我们将运河看作血管，那么在里面流淌的“血液”，绝大部分是来自江南地区的稻米，这条运河对于北方的重要性不言而喻。

洛阳含嘉仓

含嘉仓是隋朝在洛阳修建的最大的国家粮仓，它位于河南省洛阳市。含嘉仓遗址有数百个粮窖，仓窖口径最大的达18米，最深的达12米。隋文帝末年，国家储备的物资和粮食可以供应全国五六十年。到了唐朝，含嘉仓成为中国古代最大的粮仓。历经唐、北宋500余年，后来废弃。

圆形的植物所标记的位置就是一个个地窖入口

始建于隋朝的洛阳含嘉仓从唐朝开始成为国家粮仓，是当时的“天下第一粮仓”。

在今天的洛阳老城区，考古学家发现了一块长 32.5 厘米、厚度为 6.5 厘米的窖砖，上面就记载了含嘉仓 1000 年前的地窖信息。窖砖上记载的地方遍布大量地窖，文字显示，地窖中保存着苏州地区上缴国库的稻米。

至今我们依旧能看到这些地窖的入口。每个圆形的植物所标记的位置就是一个地窖入口。迄今为止总共发现了 287 座地窖，它们东西成排，南北成行，排列井然有序。

一个这样的地窖大约能储存 50 万斤粮食，仅含嘉仓这些地窖便能储存 14350 万斤粮食。这个储量意味着什么？

公元 749 年的唐代，当时全国粮食总量为 1260 多万石，而这个含嘉仓就保存着 580 多万石，占了全国将近一半的粮食储量。

洛阳仓含嘉仓遗址

今日洛阳

天下第一粮仓在洛阳

洛阳是中国历史上最重要的城市之一。在长达4000多年的时间里，共有105位帝王将洛阳定为国都。在漫长历史上，这座城市曾长期掌握中国的命运。

洛阳，也正好位于南方粮食产区和首都长安的中心点，是当时的财富中心。天下第一粮仓——含嘉仓为此建在了洛阳。

武则天登基之前，唐代政权中心和大量人口主要集中在都城长安附近黄河流域，但这里的粮食供给匮乏。据《资治通鉴》记载，公元682年，唐高宗在前往东都洛阳途中，竟然有身边侍卫饿死的情况发生。由此可见，当时粮食异常匮乏。

武则天登基之后迁都洛阳。粮食供给问题从此不复存在，大运河将苏州、淮安等江南产粮区的大米通过运河源源不断地运到洛阳。

南方的粮食大量涌入这个新的政权中心。今天在洛阳留下的规模巨大的粮仓，就是稻米在中国古代政治运行中留下的足迹。

唐代之后，经济重心进一步向东南移动。中国西部不再是南方粮食的主要目的地，以洛阳为轴心的运输系统现在已经偏离历史轨道。遗憾的是，当时的那条运河在洛阳已经不复存在。

数百年后，来自草原的蒙古人在维持漕运的同时竟然更进一步开通了粮食的海运之路，将南方生产的稻米直接通过海路运输到天津再转运到元大都。

而到了明代，在北京城内的东北角，更建立起了一个专门存储海运粮食的仓库，即海运仓。

今天，当我们在中国北方食用大米，甚至用稻米来制作其他食物的时候，绝大部分的人并不知道，在过去千年里，人们经历了多少的艰辛和困难，才将这份精美食物呈现在北方的每个餐桌上。

你今天看到的，是稻米离开南方故土，在中国北方所经历的故事。但稻米的故事远远不会如此简单，否则它不可能成为人类世界三大主食之一。

海运仓

海运仓位于北京的东城区，明英宗时兴建，因存储海运而来的漕粮，故命名为海运仓。

海运仓与北新仓两大粮仓连为一体，成为京城最大的粮仓，是当时维系京城政治、经济生活不可或缺的所在。

今天，海运仓遗址已经被改造成文化园区。

南新倉壹號

两千年前，稻米穿越朝鲜半岛到达日本列岛，开启了世界之旅！

第三辑

乘风破浪

水稻，毫无疑问是一种顽强的植物。数千年前，水稻在中国北方遭遇西亚的小麦，东西方两大文明开始在亚洲大陆上碰撞与融合。随着交流的频繁，人类活动更是超越了土地的限制，开始探索无尽的远方。

平静与优雅，仅仅是大海的一种面目。更多时候，海洋深处是不为人知的狂风暴雨。水稻的传播同样如此。在依靠人类培育的几千年后，它几乎遍及整个地球，成为人类世界三大主食之一，绝对不是仅仅在中国传播那么简单。

稻米，随后离开了亚洲大陆，穿越海洋，飘散到遥远的岛屿和大陆。它与世界各地的人们一起，成就叹为观止的文明。

马来西亚米仓

马来西亚的吉打州全年阳光普照，属于热带雨林气候，这里盛产稻米，它是马来西亚主要的稻米出产地，大家都称吉打为马来西亚米乡，又称“米都”“米仓”。

吉打州风景优美，有着奇特的自然景观，这里苍翠繁茂的热带雨林及烟雾弥漫的山脉吸引着很多游客的到来，不过一踏进吉打州，人们首先看到的还是一望无际的稻海，非常壮观。

马来西亚吉打州的稻田

马来西亚稻米源自中国

2016年末，卡斯蒂洛等三位考古学家，在世界著名的《文物》杂志上发表了一篇关于海上丝绸之路沿线农作物考古成果的论文。这篇文章为我们揭开一个前所未知的奥秘。

考古学家在马来半岛两处约3000年前的遗址发现了大量的稻米遗存。当他们通过严格的科学手段鉴定后，发现一个令人震惊的事实——这里出土的稻米的基因竟然与中国有关。换句话说，这些3000年前的稻米源自中国。

毫无疑问，农业文明是人类世界最为重要的历史阶段。早期农业的传播，为不同民族提供相互学习的契机。遗憾的是，植物遗迹往往难以保存，因此考古学家对人类远古农业文明知之甚少。

今天，在马来半岛出土大量的稻米遗存，似乎为我们勾勒出远古时期，中国古代的人民与海上丝绸之路沿线民族交往的生动画面。

卡斯蒂洛考古的图片资料

不仅如此，在中国的福建省将乐县的南山遗址和台湾省南部关里东遗址，都发现了大量5000年前的炭化稻米。这两处发现，为探索海峡两岸早期文化交流以及稻作农业的海洋传播提供了重要考古证据。

考古团队对南山遗址人骨的研究显示，南山先民患有一些诸如龋齿、牙结石等口腔疾病。这些发现都证明，南山先民已经是典型的农业社会人群，也进一步佐证了南山先民已经掌握了一定的农耕技术。

有学者研究了南山遗址后，为我们还原了这样一幅历史景象：约5000年前，南山文化的农业发达到一定程度后向沿海扩张，通过海路把同时种植水稻和小米的生产模式带到台湾，影响了台湾的新石器时代文化。

南山遗址

南山遗址位于福建省三明市明溪县，占地50000平方米，旧石器、新石器和青铜时期历史遗存并存。

在南山遗址中，考古学家发现了300粒的炭化稻谷和少量果核，这在福建内陆地区尚属首次，为研究稻作起源和传播提供了珍贵的材料。

南关里遗址

台湾南关里东遗址位于台湾省台南县，是新石器时代遗址。考古学家在这里发现了炭化稻米和小米遗存，是台湾最早食用稻米、小米的证据。同时考古学家还在这里发现了一些红褐或灰褐色的陶器和石器等。

日本的《四季农耕图》，最初相扑运动是农耕文明祭神仪式上的活动

与“稻灵”的较量

曾经在日本有一种非常罕见的相扑，那就是“一人相扑”。赛场上，一个相扑选手与想象中的对手较量，看起来如同单人舞蹈。而这个想象的对手就是稻子的‘稻灵’。这种相扑会分三个回合，让“稻灵”赢两次，人类只能赢一次。

跟“稻灵”的较量，总是以人类失败告终。日本人希望通过这种屈服和崇敬来取悦稻作之神，获得丰收。

日本稻作文明

同样位于大海深处的日本列岛，人们理应对海洋食物更感兴趣，但稻米却意外地成为这个国家餐桌上不可忽视的角色。

作为日本文化符号的相扑运动，竟然与稻作农业有如此不为人知的紧密关系，然而这也仅仅是冰山一角。

每天早上六点，日本著名的相扑馆荒汐部屋的灯光准时亮起。这个训练场拥有高等级的相扑选手，是日本最神秘的团体之一。

这种竞技活动，隐含着日本众多远古信息。

相扑起源于供奉神明的仪式。从“天下泰平”“五谷丰登”“风调雨顺”的祈愿仪式之中，诞生了相扑这种运动。

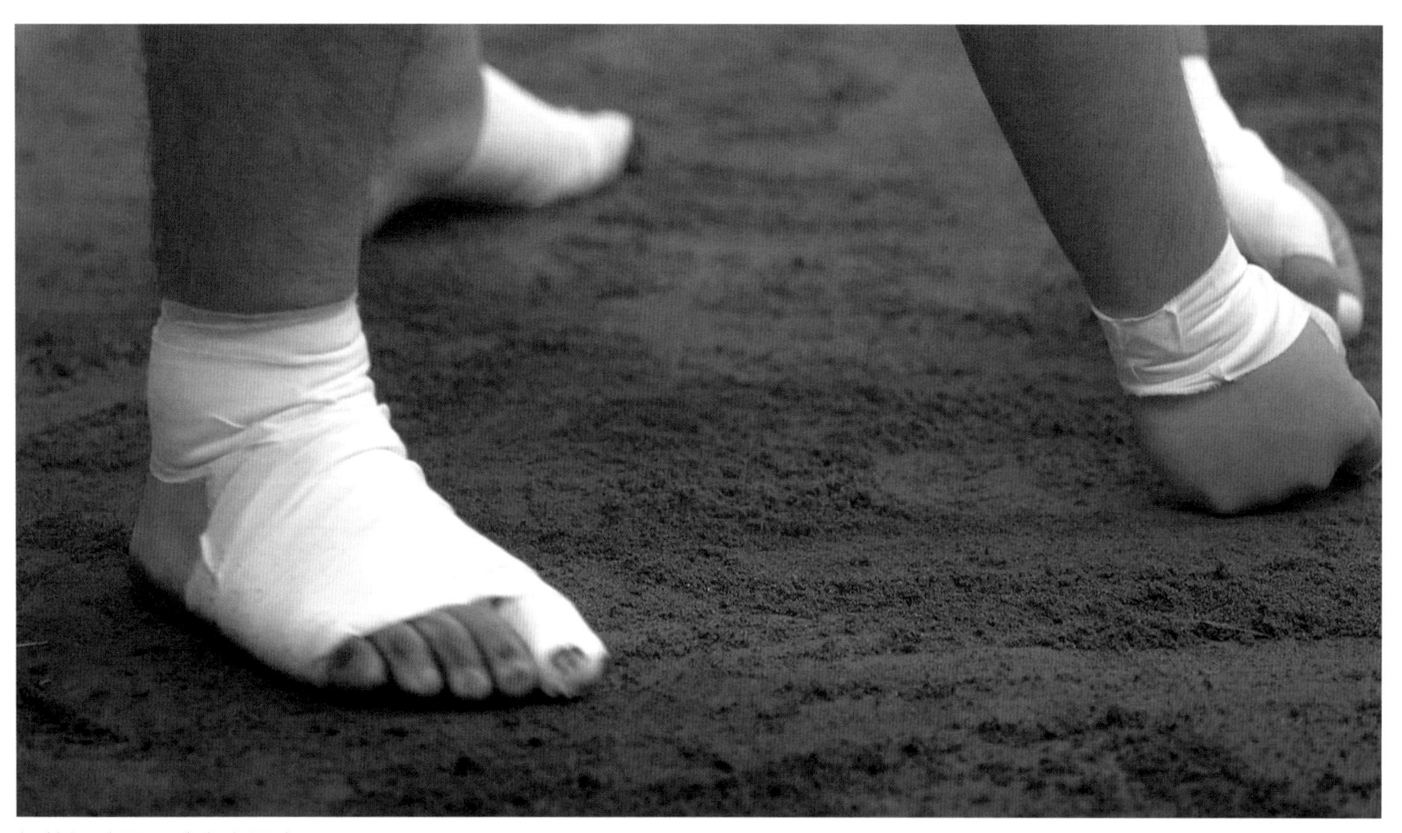

相扑运动员踩踏夯实泥土

相扑比赛的场地由泥土铺就而成。他们进入场地后，要先撒盐祛除污秽，然后踩踏夯实泥土，每天都以这样重复动作来感激土地的恩情。

在日本，最早举行的相扑比赛是祭祀的一个环节。古代的日本人在收成季节的时候会举行祭祀仪式，其中一个活动就是相扑比赛，他们通过这个活动向上天祈求五谷丰登。所以，在相扑裁判手上的扇子，还书写着“五谷丰登”的字样。

稻草绳环绕的场地

如果你仔细观察，会发现相扑场地的周边，由一圈坚固的稻草绳环绕。

比赛中，谁先把对手推出草绳围成的场地，谁就赢得胜利。这个结局似乎在暗示，离开稻作世界的人将是一个失败者。

横纲腰间沉重的装饰，起源于悬挂在神社入口的稻草注连绳，人们一旦跨过草绳就意味着进入神界。稻草，划分了日本世俗和上天的界线。因此，有资格佩戴注连绳的横纲，在日本被视为地位极其崇高的人物。

横纲腰间都有稻草装饰

在日本，相扑运动其实是一项高雅的事业，相扑运动员不但收入可观，而且还非常受尊重。

相扑运动员分段，最高段是横纲，同时期在役的横纲通常不超过 4 个。只有横纲段位的人才有资格在腰上盘系一种稻草编制的腰带。

在日本，稻子是很特殊的存在，稻米已经成为人们的文化图腾了。人们用稻米来祭祀敬神。单从信仰、祭祀的方面来看，稻米的地位是粟米、稗子、麦子之类的其他粮种不能比的。

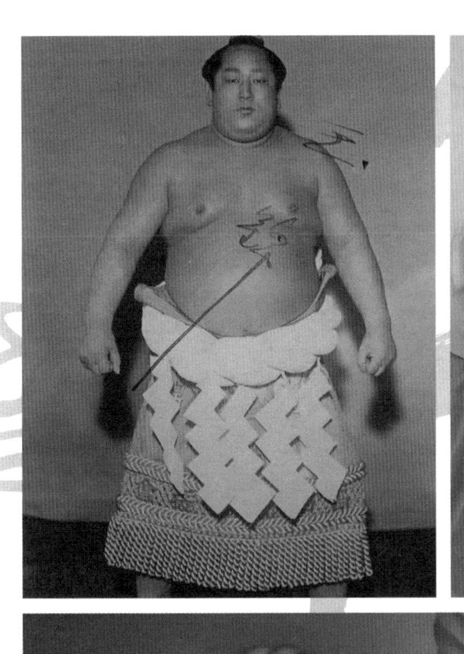

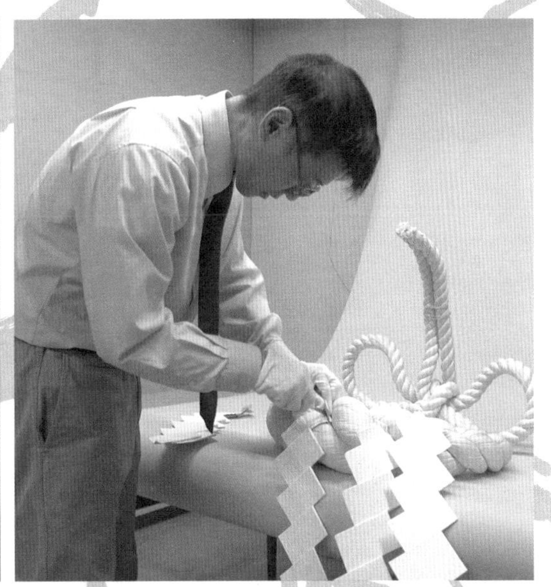

横纲腰间盘系的腰带

西南梯田

相扑的起源与日本稻作文明密切相关，然而在平静的稻作农业发展过程中，怎么会出现这种剧烈竞技活动呢？

我们不妨再看看传统的相扑在开始比赛之前要做些什么：往泥土地撒盐以去除污秽，接着把土地踩踏夯实，以此来感恩土地的恩赐。这种踩踏动作其实就来源于稻作文化的牛踩踏田地。

让我们把目光转回稻作文化的发源地中国。

据史料记载，在西南少数民族地区流传着一种习俗，男孩长到10岁左右，便要在一个特定日子里，从稻田的一头滚到另一头，这是一种成人仪式，象征着孩子已经长大了，可参加农业生产了。今天，这种成人礼早已不复存在。不过，另外一种古老的角逐却延续至今，那就是斗牛。“滚田”“踏耕”这些稻作文化的习俗融合在一起，逐渐催生出相扑这种日本文化的符号。

别具一格的“东方斗牛”

在中国，不同的地域、不同的民族，有着不同的斗牛比赛，却是同样的惊险刺激，乐趣无穷。

苗家人把牛视为健康、力量、搏击、英雄的象征，斗牛是传统节日里必不可少的一项民俗活动；侗族人对斗牛也同样狂热，每逢三月三，在广西三江侗族自治县都会有一场盛大的斗牛赛拉开序幕；云南沧源，佤族人也会隆重地准备一年一度的斗牛比赛；而在浙江嘉兴，有这样一群人，他们仅凭一个人的力气，就能撂倒一头牛。这些各具特色的斗牛赛，充满激情和欢乐，成为节日里最热闹的一隅。

佤族人的斗牛比赛

众所周知，牛是佤族信奉的图腾。

每年春天，云南省沧源县的佤族人都要举办斗牛比赛。在斗牛场里，座无虚席，人声鼎沸。

有趣的是，在中国乡村参加比赛的牛，竟然是原产于瑞士阿尔卑斯山脉的西门塔尔牛。这种牛体力好，肌肉密实，是目前世界上分布最广的牛类品种。这个现象恰好说明，农业技术的全球传播，自古以来从未间断。

从西班牙的人牛决斗到眼前两头牛的残酷竞争，有时候斗牛现场的景象令今天的人们不忍直视。

即便在经济发达的中国浙江嘉兴地区，人牛之间的竞赛已经成为民间表演，但我们仍然依稀可见远古农耕社会遗留下来的那种生命的原始爆发力量。

这些来源于农耕社会的风俗，怎么会在不同国家以相似面貌呈现出来？

在中国历史文献里就有“象耕鸟耘”的传说，专家认为这是对中国东南部早期农业耕作状态的描述，甚至认为当时的情形类似今天的水牛踏田。

那时的人们偶然发现，被牛践踏过的水田，却能更好地让水稻生长。于是，人们开始有意地在播种前让牛进入稻田踩踏。

15 世纪朝鲜《李朝实录》中，对当时位于日本九州岛南部与那国岛的耕作现象记录如下：“水田十二月用牛践踏，然后播种，正月移栽，不除草。”

踏耕的传播

日本学者将踩踏稻田的整地方法称为踏耕。

据考证，这种踏耕从日本九州岛开始，经冲绳、琉球、宫古岛等岛屿及中国台湾，一直向菲律宾、马来西亚、印度尼西亚、越南、斯里兰卡等国传播，最终在各国形成各种各样有趣的稻作文化现象。

我们猜想在历史的某一天，先民们偶然发现，被动物踩踏后的土地更有利于水稻生产，于是便有目的地放任家畜在田间奔跑和争斗。

随着稻作农业的发展，人们在耕作前的特定时间和节气，采用人为的方式在稻田中摸爬滚打，最终在古代中国形成“滚田”成人礼习俗和斗牛现象。

而在遥远的日本列岛，人们在田间地头的活动，最终演变成相扑运动。

随着时间推移和技术发展，有些活动已经完全退出历史舞台，如使用大象的耕作方法。而其他如相扑和斗牛，则从农田转移到特定场所，但无论形式如何变换，其核心价值并没有脱离稻作文化，都是对古代稻田踏耕生产方式的“模仿”。

日本稻田

最晚在约3000年前，原产于中国的栽培稻便到达南洋。在当时，植物的远行几乎九死一生。然而生物就是这样，总是用尽全力拓展生存空间。专家猜测，当时的种子有可能在亚洲大陆由北往南传播；也可能乘着季风，从一个岛屿前往另一个岛屿，并最终到达南洋列岛。

如果说古代中国的稻米能够乘着温暖季风飘荡到东南亚，那么前往日本也许就不是一件难以完成的任务。

毫无疑问，日本是一个善于学习和吸纳外来文化的国家。今天在日本拥有崇高地位的稻米，究竟是如何来到日本的？

“八十八夜”

在日本有一个重要的节日“八十八夜”，是指立春后的第88天，一般在每年的五月初二前后。

八十八可以组成汉字“米”，两个“八”意味着吉利。日本人在这一天会祭祀田神，祈求风调雨顺、庄稼丰收。在日本人心里，正因为田神的眷顾，他们才能吃上饭，所以这一天他们会摆上贡品感谢田神。

每年春天播种前，日本都要举行一个盛大的祭典。

这一天，当地男女老幼都热切参与其中。车上端坐着的农神就是祭拜对象，人们祈求风调雨顺、稻米飘香。然而，这个农神，却是一位来自中国的古人——徐福。这个活动就是日本著名的徐福祭。

日本鹿儿岛的民众认为没有徐福带来稻种，就没有现在的生活。他们把徐福供奉为农神，每年收获了新米，都会先供奉徐福。

日本鹿儿岛祭莫仪式纪念徐福

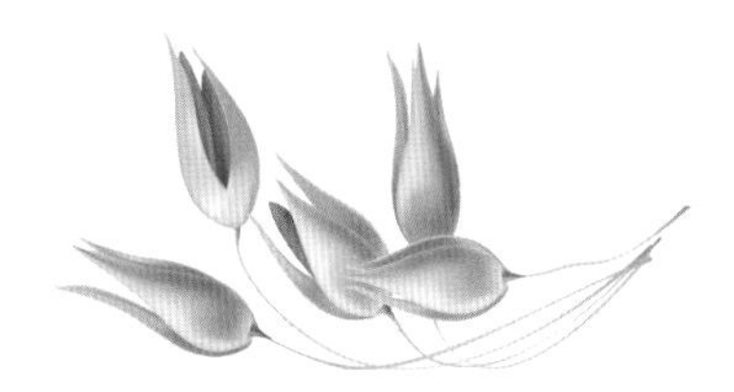

在日本的徐福像

徐福是秦代著名方士，他博学多才，通晓天文、航海，在沿海一带民众中名望甚高。

徐福总共出过两次海。据史书记载，第一次出海时，徐福是以山东琅琊为始发地，到达辽东的老铁山附近，进而再沿朝鲜半岛一路航行至日本的北九州、冲绳岛等地方。《史记》中记录徐福东渡日本之事，还记载了徐福再度出海携带了谷种，并有百工随行。

第二次出海，徐福没有再回来，他到底去了哪，这也成了一个谜。有人推测，第二次出海，徐福去的地方还是日本，最后留在了日本，不仅教当地人农耕、捕鱼，还教授当地土著农耕以及一些医药和冶金技术等，这使得当时的日本土著在文化以及科学技术上有了飞跃式发展。

今天，日本民间也尊称徐福为农耕之神以及蚕桑与医药之神。

日本三餐不离米

两千余年前徐福从东南沿海的江浙一带渡海，把稻米传到了日本。日本人对米也是一往情深，几乎一日三餐都离不开大米。他们不但把大米当主食，还用稻米酿酒、制作米果，也用糯米制作年糕、团子。

说到日本的米食，不得不提饭团。日本人喜爱的饭团其实起源于田间地头，因为水稻种植和收割时间紧张，需要争分夺秒，日本人为了方便，就把米饭做成了饭团，既简单方便，又很好携带。

日本饭团

如今，米食是日本的餐桌上必不可少的食物。人们普遍认为，日本稻米是徐福从中国带来的。为了纪念徐福，日本许多地方都建有徐福的塑像。今天，全日本大约有 20 处和徐福有关的遗迹。

2200 多年前，为秦始皇出海寻找长生不老仙药的徐福，在中国的历史上都是一个模糊的形象。在遥远的日本，徐福的故事似乎证据确凿。这是真的吗？大阪府立弥生文化博物馆，收藏着众多 2000 年前农耕时代的早期文物。其中收藏的有弥生时代的土器瓮，是当地人焖米饭用的瓮。这个瓮证明，2000 年前的日本弥生时代已经出现稻作农业。这个时间，与传说中徐福到达的时代基本吻合。

但问题是，在古代世界，对于内陆农耕的大多数中国人来说，茫茫大海就是生命禁区。稻种怎么可能逆流而上，登陆远方的日本列岛呢？

盘锦大米

大米，已经成为盘锦的一张名片。盘锦大米盘锦大米外观晶莹剔透，做成米饭柔软润滑。盘锦市位于辽宁省西南部，辽河三角洲中心地带，境内地势平坦，多水无山，海岸线长118千米。这里的温度非常适合水稻的种植，有充足的河水可以给水稻提供灌溉条件，土壤也没有工业污染，这些条件造就了韧性强、口感好的盘锦大米。

与日本隔海相望的中国渤海湾，亿万年来由于地壳变动，海水缓慢退去之后露出了一大片冲积平原，辽宁省盘锦市就位于这里。这里是中国水稻种植最发达的地区之一，每到秋天，这里便成为金黄的世界。在这里，也许可以感受到农耕文明的魅力。

盘锦地处辽河入海口，境内水系发达，在田间地头耕作的农民，一上船，拉响船上的马达之后，立刻转变为经验丰富的渔民。

海洋上，生和死往往只相隔一线之间，所以每次出海都是一次全新挑战。只要出海，农民便会带上自家种植的稻米，遇上突发情况，这些亲手种植的食物便能帮助他们渡过难关。

盘锦稻田秋景

在中国这个农耕国家，沿海居住的农民往往兼具农耕和渔猎的能力，而随船携带的农作物种子将会跟随主人经历风雨和生死。有时候他们能顺利返航，有时候可能漂荡到远方的岛屿。于是，稻米变成了种子播撒在异国他乡。

弥生时代

日本古代使用弥生式陶器的时代称为弥生时代，时间约为公元前300至公元250年。弥生时代普遍有了以种植水稻为主的农业，在弥生时代稻作被大规模地推广，特别是在日本的南部与西部。弥生时代的农具除了石、铁制品外，还大量使用木锹和木锄等，收割则多用石刀。弥生时代，日本与中国交往十分频繁，日本文化也深受中国的影响。

中国是稻作的起源地，起源于中国长江流域的稻作技术，在中国大陆全面扩散并向北传播，穿过今天的山东省到达朝鲜半岛。

朝鲜半岛温暖湿润的气候，瞬间激发稻米的活力。这里的先民从渔猎经济脱离出来，成为种植稻米的民族，其影响力甚至扩散到整个东北亚地区。

稻作农业后又经由朝鲜半岛往日本传播，直接促成了弥生时代的开始。

弥生时代生活场景再现

日本供奉起来的稻穗

日本鹿儿岛

优质的鹿儿岛农产品

著名的温泉之乡——鹿儿岛县位于日本九州最南端，因为世界上为数不多的活火山——樱岛而闻名。因为火山灰蕴含丰富的养分，所以鹿儿岛的农产品质量格外好，这里也成为日本许多农产品的著名产区。鹿儿岛地处温带到亚热带过渡地带，可以种植双季稻。但为了追求好的稻米品质，加上劳动力成本高，这里的许多农民还是选择种植单季稻。

在日本南端的鹿儿岛，许多田埂上都矗立着一个小石像。它们头顶稻草帽，手握饭勺，这些如同漫画中的人物，数百年来一直在守护身边的稻田。

仅仅百年前，这片稻田还是一片汪洋。公元1308年，日本农民在围海造田的土地上，种满了来自中国的“大唐稻”。

2000年前，水稻第一次登陆日本列岛的时候，当地还是渔猎时代。在那些手握鱼叉的人们眼中，秧苗与岸边弱不禁风的小草毫无区别。谁能料到，在此后千年里，这种植物竟然成功在这片狭小的土地上站稳了脚跟。

4 月的北海道，还是一片冰冻世界。阿伊努的一些渔民依靠捕毛蟹为生。

阿伊努人，是日本最早的居民，在稻田遍及日本各个角落的今天，他们依然保持渔猎传统。要想捕到毛蟹，必须驾驶渔船穿越重重流冰。海面上尖尖一角，水下多半隐藏体积巨大的冰山，渔船如果不小心与冰山相撞，就可能船毁人亡。

跟稻作农业相比，在深海捕鱼是一件更加危险的工作。即便如此，阿伊努人依然将大海视为生存之本。

阿伊努人

阿伊努人是日本北方的少数民族，主要居住在日本的北海道等地。他们长期从事渔猎，如今很多转向了农耕生活。因为从事渔猎工作，阿伊努人很是擅长制作和驾驶独木舟。

在农耕文明到来之前的 1 万年间，阿伊努人曾广泛分布于日本列岛。直到 2000 年前，随着稻作文化的传播，渴望保留渔猎生活的阿伊努人开始离开本州，一路向北迁徙最终定居在北海道。眼前的这片大海，成为他们今天的家园。

阿伊努人长期从事渔猎生活,他们出海时,会有携带米酒的习惯。

阿伊努人信仰万物有灵。对阿伊努人来说，存在于人类周围的东西都是神明。人类不能怠慢它们，它们能做到人类做不到的事。所以，在海上作业时，阿伊努人会向神明祈祷，而且祈祷时一定会献上米酒，祈求神明保佑出海一切顺利。

阿伊努人虽是日本的原住民，今天却不足日本人口总量的1%。在大和族成为稻作民族之后，阿伊努人依然不愿放弃原有的生活方式。既然如此，为什么这个渔猎民族会把米酒——这种源自其他民族的食物看得如此重要，以至于当成珍宝，敬献给神明？

阿伊努人的渔船

随着稻米的传播，用大米发酵酿酒的技术也传播到日本。那个时候，酒在中国很是珍贵，在日本更是，一般百姓不可能品尝到酒，就算王公贵族也很难享用，但他们会毫不犹豫地把珍贵的酒带去神社祭神祭祖。

阿伊努人向神明献上米酒

在以前阿伊努人的交易中，100 条晒干的鲑鱼才能换来 10 千克的大米，可见大米有多么珍贵，那大米做的酒更是贵重。

在阿伊努人眼里，米酒这种珍贵的东西一定要献给神明，这样才能得到神明的庇佑。

阿伊努人出海捕鱼

日本稻田

稻文字在日本文化中的流传

日本“田”“稻”“丰”“饭”“米”等单音节的词，都是用的汉字。日本的很多地名都与稻作农耕有很大的关系。

据初步统计，日本带有“田”字的地名占到日本地名的 9% ~ 10%，比如秋田县。“丰田”，意思是良田，日本含有“丰田”字样的地名就有十几个，著名汽车品牌“丰田”也由此来。

在日本 2000 年的农业进程中，阿伊努人一路北迁，大和族农民紧随其后，将水稻种植在前人留下的土地上，水稻栽种面积由南向北一路扩大，直到今天的北海道。

阿伊努人的历史，事实上是日本从渔猎时代逐渐进入农业社会的历史。他们的生活，被汹涌而来的农耕文明所改变。

稻作农业的力量不仅如此，在接下来的时间里，日本列岛将会进入一个前所未有的时代。

始建于2000年前的吉野里，是日本最大的环壕部落遗迹。被内、外环壕双重环绕的区域便是当时被称为“南内阁”的权贵们居住的区域。

重重壕沟，不仅用于隔离阶级和排水，更重要的作用是防御外敌入侵。同样在遗址里，还大量出土了被利器砍断的人骨，说明当时战争频发。

站在环壕部落中心的瞭望台放眼望去，有一块地方四周被一圈拔地而起的干栏式建筑环绕起来，它们是储存稻米的仓库。这些似乎告诉我们，当年这里稻谷满仓。

农业不仅仅是生产粮食的产业，它还有一种力量强大的影响机制。在稻米高产量的背景下，强有力的政权得以建立起来，

吉野里遗址

吉野里遗址位于佐贺县神埼町和三田川町一带，是弥生中期遗址，该遗址由大规模环壕部落群和坟墓群组成，在这里发现了水田遗址。

考古学家还在这里发现了干栏式建筑，这种建筑和我国长江中下游遗址发现的干栏式建筑非常相似。

吉野里遗址

比如3世纪的邪马台国。

在这个最早的政权中心，稻作农业非常发达，这些大量存在的米仓就是证据。

“邪马台”在日语里的发音，正好与“大和”发音类似。大和民族是构成目前日本的主体民族，所以有专家认为，邪马台国就是日本国家最早的起源。

佤族原生态村落

吉野里遗址米仓这种干栏式仓库引起了专家的注意。

5000 年前，在稻作文化起源地，中国河姆渡的田螺山遗址也存在类似的建筑痕迹，河姆渡干栏式建筑是世界上最早的干栏式建筑。无独有偶，在今天中国贵州山区，侗族农民也干脆将收割的稻谷，直接晾晒在位于水中的干栏式建筑里。

佤族人的建筑

中国云南的佤族人，仍然过着半狩猎、半农耕时代的生活。这里今天依然采用抛撒这种原始方式种植稻米。干栏式建筑是他们的家，楼下堆放杂物或饲养家畜，楼上则是吃饭和居住的地方。这种建筑既可抵御虫蛇侵害，又可防潮防湿避洪灾，由于材料和结构的原因，还利于通风散热。

在今天亚洲，许多生产稻米的地方，都曾先后出现干栏式建筑。这个现象难道是巧合吗？

当然不是，日本的稻作文化其实是从中国经朝鲜半岛南部传入日本，所以这种储存粮食的建筑也受到了中国的影响。

仔细体会时间变化，是农耕民族的特点，中国人由此创造了历法，并传入日本。

从事稻作农业的日本人不仅需要历法，更发展出在花开花落、鸟唱虫鸣中，觉察季节微妙变化的技能。于是，这种体察入微的习惯，更是塑造了他们的性格和处事习惯，就比如他们制作“和果子”这种点心需要的材料，在重量上是一定要精确到克的。

在稻米传入日本约1000年后，制糖技术也来到这里。今天的和果子，就是米和糖这两种食物的结合，而这两种食物在日本结合后，诞生了超越食物意义的结果。

和果子

日式点心统称为“和果子”，包括糕饼和甜点，比如麻薯、年糕、羊羹、大福都是和果子。和果子以糖、糯米、小豆等为主要原料。制作和果子时，日本人会先将小豆碾成豆泥，加入糖，变成甜甜的豆馅儿，然后用糯米粉包住，再制成各式各样的精美点心。和果子在日本还有许多风雅的名字，比如“朝露”“月玲子”“锦玉羹”等，可见，日本人对和果子是多么喜爱。

的确，和果子的内涵却并非“好吃”这么简单。在良辰吉时，用最恰到好处的食物尽待客之道，是和果子世界的奥妙所在。

所以，从中国通过朝鲜传来的各种事物在日本的国土里扎根后，日本又变着花样对它们进行了内化、改造。

我们的祖先在过去数千年里，为了寻找生存机会和遥远梦想，携带稻米种子穿越汹涌海洋到达远方岛屿，把文明基因抛撒在异国他乡，融合在精彩纷呈的世界文化里。

随着东西方农业文明的碰撞交融，稻米对古代中国产生了何种影响？

第四辑

新的开始

在今天的中国，稻米是最重要的主食，然而这个局面却并非从来如此。

这种最早出现在中国东南部的驯化农作物，在过去数千年里艰难开疆拓土。在中国北方，除了面对根深蒂固的本土作物小米，还有来自西亚那种繁殖能力强悍的小麦。

不仅如此，稻米还漂洋过海，跟随人类去到那些遥远的岛屿。不可思议的是，在完全陌生的大海那边，竟然成为它们的天堂，更在随后千年里，演化出发达的稻作农业。

中国，亚洲最大的国家。这片土地过去和现在发生的故事，波及范围超越地域和民族。1000 年前随着黄河流域北人南迁，经济中心逐渐南移，对于南方本土作物水稻而言，这是一个扩展自身物种的全新机会。

生命的故事，令人感动。中国南北，即将发生巨大改变。

稻米在江南

这里是浙江省绍兴市东浦镇。

冬天的江南小镇萧索安宁。小桥、流水、人家，这三个形象是中国田园必不可少的视觉元素，在各种诗歌和文学作品中反复出现。如果再加上精致园林和这种轻柔曲调，可能就是绝大部分人心目中完美生活的写照。

也许您不会相信，离开稻米，眼前这一切可能会是另外的模样。我们今天的故事，就从这里开始。

东浦的黄酒很是地道，这里酿酒的原料是南方的圆圆的糯米。

绍兴黄酒的发祥地

“越酒行天下，东浦酒最佳”。东浦镇是绍兴黄酒的发祥地，酿酒历史长达2000多年，宋时，东浦已是绍兴酿酒业的中心，那时候酒坊林立，酒香四溢。明清时期仅酒铺就有250余家，可谓名副其实的酒乡醉国。

为何称为黄酒？因为“黄酒”中的“黄”在中国含义可不一般。黄，古时称帝王色，可是典雅尊贵、神圣之色。黄，也是秋天的颜色，是表示丰收和喜悦的颜色。

黄酒由粮食酿造，有富余粮食之户才会酿酒和藏酒，所以，旧时家有黄酒，也是生活富裕之象征。

糯米，是稻米的一个种类，最早多产于中国长江流域以南，又称为江米。这个品种在亚洲南部的人群中有着崇高地位。

糯米跟一般的稻米的差别在于基因。这个基因在英文上叫WAX基因。稻米如果有这个基因，就是糯稻；没有这个基因，则是普通的大米了。

籼糯米和粳糯米

比起一般的大米，糯米呈乳白色，有的不透明，有的半透明，有黏性。

糯米又分为籼糯米和粳糯米两种：籼糯米由籼型糯性稻谷制成，米粒一般呈长椭圆形或细长形；粳糯米由粳型糯性稻谷制成，米粒一般呈椭圆形。

糯米是制作汤圆、粽子、八宝粥、年糕等黏性小吃和甜品的主要原料。

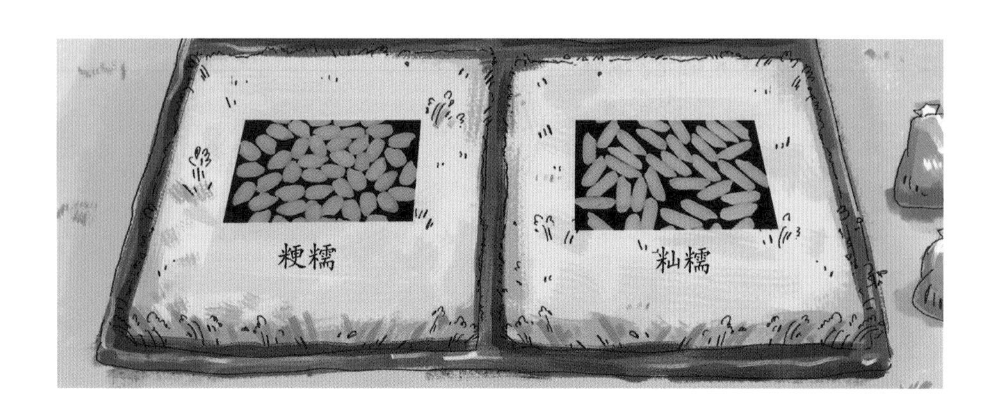

在我国南方，糯米吃食五花八门。

其中，壮族就会将糯米制成五彩食物，以庆祝丰收。

在贯通中国和东南亚的澜沧江、湄公河沿岸，许多国家也是以糯米为主食。泰国香米闻名世界，但当地的人们却更钟爱糯米。

从全球的稻米消费看来，糯米占比不高，但它对人们却意义非凡。很重要的一点，就是它具备令人愉悦的特质。

糯米，和江南的风景一样，温温吞吞却直指人心，在缓慢微醺的醉意中体会人生风景。正是这种特质，令糯米充满了诗意，被无数人所喜爱。

酸鱼制作

做好的酸鱼

酸鱼

侗族，用糯米来制作酸鱼。这种主食和菜肴混合的做法并不多见。为什么要用糯米来腌鱼？因为糯米发酵变酸后可以让鱼长时间保存，这是食物短缺时代留下的习惯。

象征吉祥的年糕

正如饺子是北方人必不可少的美食一样，南方人也需要一种美食象征如意吉祥。于是，紧致滑软的年糕在江南的一座座小城里登场。

年糕，有着“年年高”的美好寓意。春节前，只要是产米的地方，百姓都会喜气洋洋地做年糕。宁波做年糕时需要大力舂捣，广东的萝卜糕材料丰富、口感爽滑，而苏杭一带的桂花年糕则软糯香甜。

充满诗意的，还有浙江绍兴这汪鉴湖水。

鉴湖被称为绍兴的“母亲湖”，闻名天下的绍兴酒就是用鉴湖水酿制。每到冬至，人们将上好的糯米浸泡到鉴湖水中。糯米，是制造黄酒的关键材料。这个品种与一般的稻米品种不同。

我们常说的稻米品种有籼米，比如中国南方和东南亚一般种植籼米，籼米外形偏长，支链淀粉含量较低。中国北方主要种植粳米，这种颗粒丰满的品种主要分布在亚洲北部、朝鲜半岛和日本。不管是籼米还是粳米，它们的淀粉都以直链淀粉为主。

而糯米的不同之处在于其几乎全部是支链淀粉。糯米的支链淀粉含量高达99%～100%，便于塑造各种形状。糍粑、年糕之类黏性大的米食就是用糯米制成的。

制作糍粑用的就是糯米

今天的绍兴，每天都消耗着大量糯米，作为生产黄酒的原料。宽阔厂房取代了狭小作坊，大量手艺纯熟的师傅，经年累月重复相同的古老程序，为全世界提供源源不断的黄酒。

用粮食酿酒，往往建立在食物充足、粮食富余的繁荣社会基础上。

南方虽然种水稻种得很早，但主要是火耕水耨粗放型种植，毕竟长江中下游自然供给太丰富了，人们不需要辛苦地农作，采集、渔猎就能满足生存的需求。

这种原始农业，在今天落后的稻作区域依然有所遗留。眼前所见这种抛撒种子，任由其自生自灭的耕作方式，与现代文明完全无法建立联系。

为什么江南地区的农业会出现如此迅猛的发展，以至于有剩余的粮食用作酿酒？传说中支撑古代中国政权运行的江南稻作经济，究竟从何而来？

绍兴每天要消耗大量的糯米酿造黄酒

加饭

有专家认为，江南稻作经济的形成，与中国历史上两次从北方向南方大规模移民有一定关系。北方人向南方的移动，带来了先进的文化、先进的生产技术，同时也带来了大量的人口，这使得南方地区的农业生产有了一个突飞猛进的发展。

北方农民南迁后，不仅在耕作技术上加以改进，而且改进

了农具，将在北方旱地使用的直辕犁改进为适合南方水田耕作的曲辕犁。

农具的产生是这个稻作文明逐步形成的副产物，就像我们现在不断地发明新的水稻的栽培技术，培育新的品种，都是稻作文化不断发展的必然产物，这些产物也推动了社会文明发展的进程。

曲辕犁

曲辕犁之所以叫曲辕，主要是为了区别于直辕犁的形状。曲辕犁，又称江东犁，最早出现于唐代后期的江东地区。

曲辕犁和直辕犁相比，改进的最大的地方是直辕、长辕变成了曲辕、短辕，并在辕头安装可以自由转动的犁盘。可别小看这样的改进，这一改进使犁架一下就变小变轻了，而且人们操作起来更加灵活了，调头和转弯都方便多了。

播撒种子

育秧后插田

由于中国北方资源有限，直接抛撒的种子成活率低，因此农民还发明出了一套育秧技术，也就是将种子先培育成秧苗，之后再栽种到水田中。不仅如此，为了提高成活率，插秧时还要在秧苗之间留出足够的生长空间。

那些在干旱地区由于生存压力发展出来的种植技术来到南方之后，快速提高了水稻产量。北方水利技术的引入，也加强了稻田和水资源的规划利用。

北方新技术和南方优良自然资源一旦结合，迅速在江南形成强大的稻作农业。中国南方经济开始腾飞。

育秧

育秧前，农民会先把种子催芽。催芽成功后，再把谷种播撒在田里育秧。

育秧时，农民会把秧田弄成一块块长条形，然后把发芽的种子均匀地撒在上面，盖上土灰、地衣或者薄膜，防止低温冻坏种子。

相对于播撒种子，即直接把种子撒在田地里来说，先育秧再插秧可以把杂草拔除掉，产量也比直接播撒更高。

宋代茶盏

点茶——吃饱饭后的消遣

宋人的雅致文化体现在宋人开始注重生活上的享受以及精神上的愉悦，比如除了填饱肚子，插花、焚香、点茶这样充满闲情雅趣的生活画面也很常见。

在宋朝，茶被注入了更多的文化内涵，宋代上至王公大臣、文人僧侣，下至黎民百姓无不爱饮茶，而这其中最受欢迎的饮茶方式就是点茶。

点茶是将茶碾成粉末放入茶盏中，再加入清水，用茶筅使劲搅拌成膏状再饮用。日本如今的抹茶就起源于宋代的点茶。

中原的人大量南迁，一方面带去了大量的劳动力，另一方面把北方的旱作的技术体系移植到南方的水田中。在中国史上，这就是所谓的经济重心南移。

中原人南迁，带来的不仅是经济的繁荣，更有文化的积淀。当时的士族精英在江南这片丰饶肥沃的土地上，挥毫泼墨、饮酒吟诗，让眼前这片美景，在秀美中透出灵动与生机。宋人的雅致文化，正是建立在丰实的米仓与活跃的经济之上的。

江南强大的稻作农业

如果没有北人衣冠南渡，也许就没有眼前这片精致美景；如果没有大量农耕技术引入，江南就不可能出现“苏湖熟，天下足”的壮观局面；没有粮食盈余，就不会酿制香醇的美酒；如果没有杯中的美酒，这江南烟雨美景是否还能被描写得这么柔软动人？

南宋以后，中国经济文化最发达地区就是苏州、杭州、绍兴这一带，这一带也是中国人才最集中、经济最发达、文化最优越的地方。

宋代是中国传统稻作技术发展成熟的时期，精耕细作让稻米的产量和质量都大幅提高。以太湖平原为例，苏州地区正常年景，亩产一般在两到三石之间。这样的产量，除了满足本地消费，更可以销售到中国南北各地。有专家推断，宋代可能是中国古代经济最发达的阶段。

一石是多少？

石，古代计量单位。在汉代，1 石约 29.95 千克。汉代 1 斤为 16 两，1 两为 15.6 克,1 斤则为 249.6 克，1 石为 120 斤，合 29952 克，即 29.95 千克，换算成现代的市制单位则是 59.9 斤。

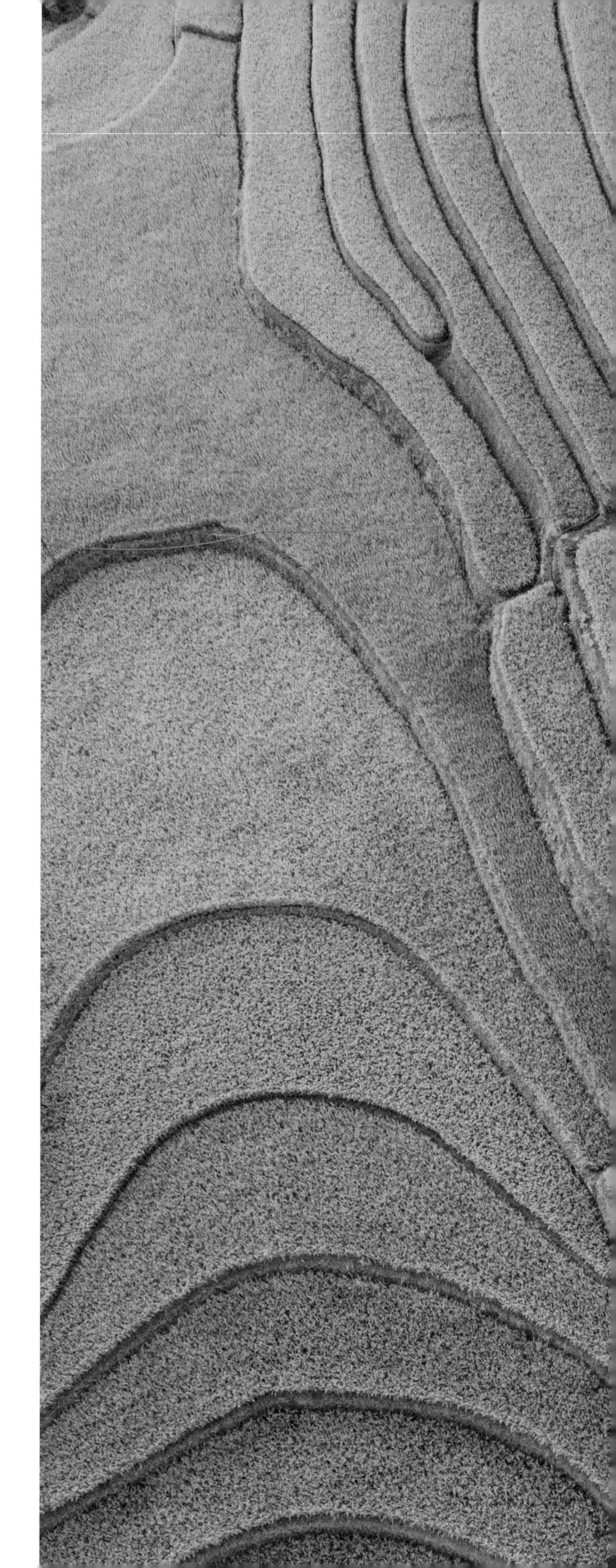

由于有了稻作农业奠定物质基础，贵族士大夫开始对一种生活方式异常着迷，那就是品香。

品香，一种中国古老的贵族传统，在富足的宋代得到进一步发展。相传在北宋宣和年间，皇帝甚至在宫内的睿思东阁设立香坊。

在品香的过程中，不仅需要能捕捉沁人心脾的香气，更要以严格的仪式，通过眼观、手触、鼻嗅的方式对正在燃烧的香料进行全身心体会，捕捉瞬间飘逝的信息，在有形空间里追求无限的精神世界。

用稻米来追求虚幻的满足，只能出现在这种食物极其丰富的年代。

品香

试图用稻米复原宋代香气

还原千年前的香味

今天还有人把糯米捣碎成粉末，试图去恢复一种千年前的气味。

米本身的味道比较平、温，它有一种淡淡的清香，又不夺别的香料的香气，在香里面起黏合的作用。多种材料混合在一起，经过10个小时的晾晒，将其晾干成香料颗粒，这种干透的香料颗粒遇到高温之后，能持续长时间散发缕缕清香。

我们不知道复原宋代稻米香气的尝试是否成功，因为没人知道千年前的味道究竟如何，但这个过程却令人心驰神往。

越南农民在稻田劳作

占城稻的引进

往往越是富足的地方，就越经不起任何变故。

公元1012年，南方干旱少雨。这个问题在以水稻为主食的古代中国非同小可。当时的人们一筹莫展。

后来，人们突然发现，福建地区有一种毫不起眼的植物，竟然有可能解决这个问题。那种作物叫做占城稻。

占城稻

占城稻是典型的外来农作物品种。占城稻原产于越南南部，属于早籼稻，这种旱稻对水资源的要求不高，而且适应能力很强，即使地势很差的地方也能生长。

占城稻还有生长周期短的特点，据记载，占城稻“自种至收仅五十余日”。占城大使曾将占城稻作为进贡献给宋朝，由于生长期短等特点，能够短时间内提供大量粮食，因此在宋朝很快就得到普及。

数千年前，生活在亚洲大陆东南部的百越人，随着迁徙的脚步一路往南，将栽培稻种遍包括今天越南的亚洲大陆东部和南部。谁能料到，这些稻种再经过当地培育、繁衍和进化，出现了耐旱、耐贫瘠的特点，特别适合在山地种植。数千年后，这个发展出诸多特点的稻种，被赋予一个当地的名字之后，竟然又返回了中国。有了占城稻，水稻种植缺水的问题迎刃而解。

越南稻田

今日泉州

宋元海洋商贸中心：泉州

福建泉州，曾被誉为东方第一大港，千年前这里商贾云集。来自阿拉伯和亚洲各国的商人都汇聚于此，将中国的瓷器、茶叶、丝绸等商品运往世界各地。始建于公元1009年的艾苏哈卜清真寺，就是唐宋中外文明交流的见证。

谈及古城泉州，意大利旅行家马可·波罗是这样描述的："这是世界最大的港口之一，大批商人云集这里，货物堆积如山……"

历史上的福建地区，由于可用耕地稀少，大量农民漂洋过海，到异国他乡寻找生活。今天，世界各地的华侨，祖籍福建的占很大一部分。

专家猜想，在这来来往往的商船里可能就有来自越南的商人，他们甚至还可能是福建移民的后代。这些人深知故乡艰苦，所以当他们携带稻种，乘坐海船来到福建之后，便让占城稻生根落户在这延绵群山中。

回到公元 1012 年那场旱灾，正是因为朝廷发现了福建山区的占城稻种，问题才迎刃而解。

泉州市舶司

从 10 世纪开始，地理位置优越的泉州逐渐成为海洋商贸中心。1087 年在泉州还建立了泉州市舶司，这使得泉州成为中外贸易和文化交流的官方地区。后来，泉州还建立了南外宗正司，更是促进了泉州海洋贸易繁荣。

占城稻这一品种非常适合在长江中下游地区种植和生产，甚至可以在土壤贫瘠的地方生长，这样，一些山地也都被开发出来种粮食。

因为具有这样的特点，占城稻回归到了长江中下游地区以后很快就得以推广，成为当地一个新的高产的稻谷的品种。

高产的稻谷一下就让长江中下游地区粮食产量提高了。粮食产量提高，人口也随之增长，据统计，北宋时，全国大概有1亿人口。

开封清明上河园东京码头

《清明上河图》

北宋画家张择端的名作《清明上河图》，描绘的是北宋都城东京繁荣的城市风貌。

东京，就是现在的河南开封，是当时世界上最大、最繁华的城市之一，当时的人口超过百万。

让我们将视线移到东京的汴河，河面上呈现一片繁忙的运输景象。汴河是北宋时期的商业交通要道，更是国家的漕运交通枢纽。画卷中这些船，正满载江南生产的稻米，通过汴河源源不断地运到汴京，以满足首都的需求。

复现宋代风貌

康熙命宫廷重绘《耕织图》

《耕织图》在历史上地位很高，有人将它与《天工开物》《农政全书》相媲美。它包括耕图21幅、织图24幅，呈现了古代真实的劳动场景，得到了历代帝王的推崇和嘉许。清朝康熙南巡，见到《耕织图》后很是感慨，他又让人重新绘制，有耕图和织图各23幅，耕织各半。

现在还有人保持着原始的脱粒方法

南宋时期，浙江於潜县令楼璹绘制的《耕织图》以系列组图的方式呈现了完整的农桑劳作过程，其中包括水稻栽培从整地、浸种、催芽、育秧、插秧、耘耥、施肥、灌溉等环节直至收割、脱粒、扬晒、入仓为止的全过程，是中国古代水稻栽培技术的生动写照。

拥有21道工序的水稻耕作体系，形象地表明了当时江南稻作农业的发达程度，也将那时的江南水乡生活图景展示在世人面前。由此可见，南宋时期，中国稻作农业已经形成了比较完整的技术体系。

宋代经济繁荣也带动了文化的繁荣。在宋代，文人的数量较多，远高于武将的数量。

程朱理学于宋代兴起，苏东坡、黄庭坚、张择端、范宽等名家辈出，“唐宋八大家”中有六位出自宋代。科技进步空前，中国古代四大发明中的活字印刷、指南针和火药都诞生于宋代。

带着中国基因的越南稻种，竟然帮助千年前的宋代渡过难关。南方雄厚的稻作农业，给宋代经济的快速发展提供了基础，这让今天已经紧密相连的世界再次看到，文明的流转和交融是何等重要。

发达的稻作农业和对外贸易，让宋代时的中国成为当时世界上最繁荣的国家。

在对外交往中，宋代的海运贸易兴盛，将中国瓷器、丝绸、茶叶送到世界各地，强大的经济实力造就了繁荣的商业文明和城市经济。经济一旦腾飞，生活中的所有细节就会随之改变。

苏州稻米制作的点心

精致的糕点

在糯米糕上铺一层黄色的南瓜汁，然后将绿色、红色的萝卜丝点缀其中，这就是“神仙糕”。

将黑芝麻和红豆沙巧妙地放在米团中，甜糯爽口。这就是“双馅团子”。

将核桃仁、瓜子仁等与糯米粉拌在一起，再加以红曲蒸熟，这就是“百果蜜糕”。

上有天堂，下有苏杭。苏州两个字在中国传统上代表着富足与美好。吴侬软语、小桥流水还有这粉墙黛瓦，共同构成了中国人理想生活的现实景象。

今天，在稻米制作的点心里，依稀能看到宋代之后精致生活留下的痕迹。

神仙糕、双馅团子……仅凭这些名字，就令人心驰神往。我们看到苏州的精致生活、食物，与当地在唐宋时期发达的稻作农业和经济发展密不可分。

神仙糕

双馅团子

百果蜜糕

讲究时令的苏州糕点

苏州的糕点，讲究时令，有“一月元宵，二月撑腰糕，三月青团子，四月十四神仙糕，五月炒肉馅团子，六月二十四谢灶团，七月豇豆糕，八月糍团，九月重阳糕，十月萝卜团，十一月冬至团，十二月桂花猪油糖年糕。”可见苏州点心之精致。

稻荷大社

巧合的是，继承唐宋遗风的日本对稻米的痴迷有过之而无不及。

建于公元8世纪的京都伏见稻荷神社供奉着稻荷神，它是京都地区香火最盛的神社之一。稻荷神是农业与商业的神明，日本人相信，稻荷神能保佑稻米丰收和生意兴隆。

在伏见稻荷大社里，还能见到各式各样的狐狸石像，这是因为狐狸被视为神明稻荷的使者。

稻荷神

稻荷神

稻荷神是日本神话中的谷物和食物神，主管丰收。在日本，稻荷神有时以男人形态出现，有时以女人形态出现，但更多的时候以狐狸的形态出现，因为狐狸会捕食偷吃粮食的老鼠。全日本有许多敬奉稻荷神的神社。

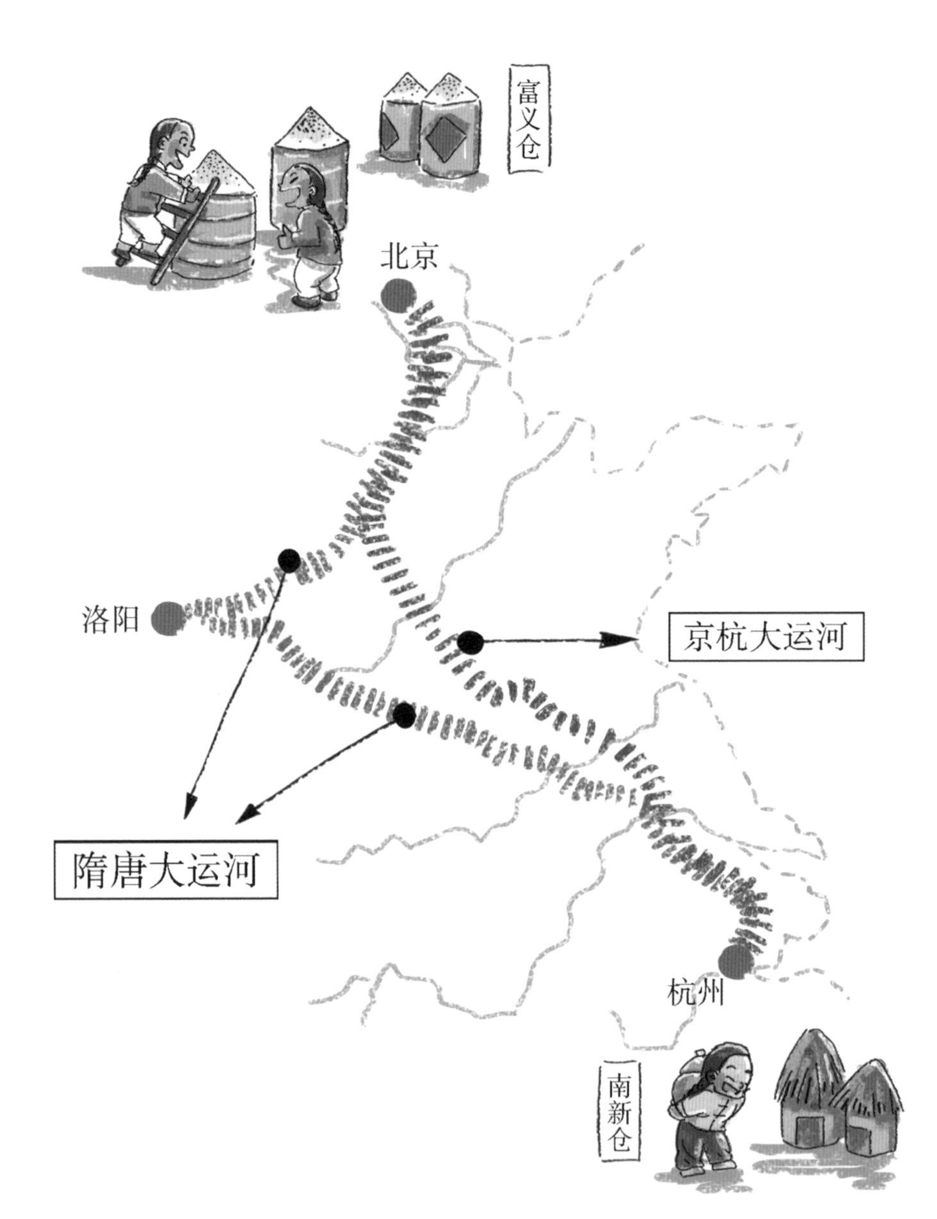

改运河航线

元代全国政治中心移到了北京以后，漕粮对于北方的粮食安全非常重要。以迁徙为生活方式的民族，对距离极其敏感。为了缩短从北京到杭州绕道洛阳的航线，元代人先后挖通了北京到通县（今通州区）的通惠河、山东临清到东平的会通河、东平到济宁的济州河，一下就把“之”之形的运河拉直了，运河不再绕道洛阳，而从杭州取道济宁直达北京。这样比隋代京杭运河缩短了900多千米，大大提升了运输的效率。

稻米北上

在经历 150 年的太平稳定后，南宋发达的经济和文化，终究没能抵挡住蒙古人的金戈铁马，中国历史进入元朝，政治中心再次回到北方。于是，运河的运粮重要性又进一步凸显。

在 700 年前的元代，每年近 100 万石稻米通过运河运往今天的北京。朝廷组织大量运往北方的稻米，不仅令国家充满战斗能量，同时也悄然影响了北方地区的饮食习惯。

北上的稻米从济宁经过，也影响着济宁人的餐桌文化。

济宁有道菜叫做铁锅炖鱼贴饼，这其实是中国北方民间常见的菜肴。然而不同的是，制作这道菜的饼并非山东人普遍喜爱的玉米粉和面粉制成，而是由大米制造。

糊粥，也是济宁著名的运河餐饮文化之一，已经有几百年的历史。糊粥用大米和黄豆制作而成，入口米香、豆香甚浓，略有煳味，故称“糊粥”。搭配咸香口的水煎包，是济宁人餐桌上不可或缺的美味。

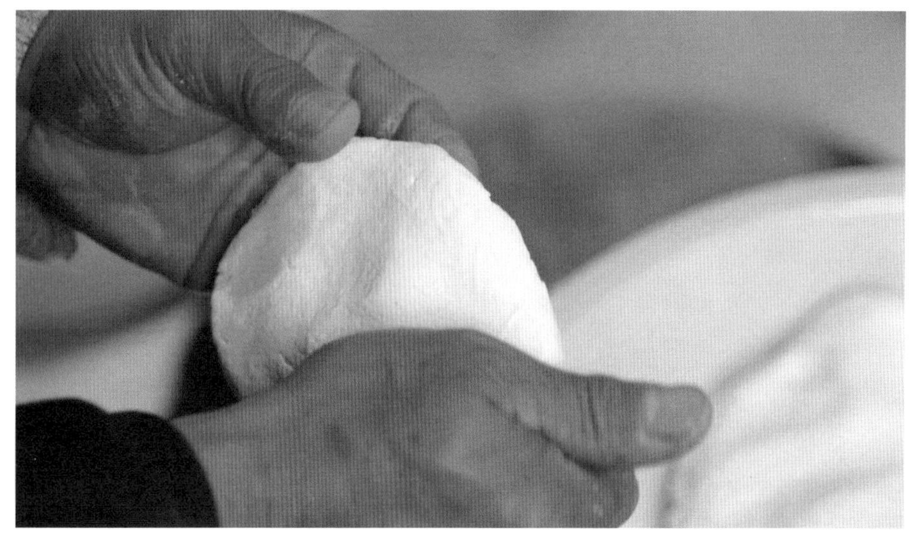

江北小苏州

中国山东自古有种植稻米的传统，但受地理条件限制，产量一直无法与小麦相比。这条开凿于700年前连接中国南北的运河，令济宁“丰物聚处，客商往来，南北通衢，不分昼夜”，被称为“江北小苏州”。

济宁是调控中国南北大动脉的枢纽，有着运河上最为先进和知名的水利工程——南旺分水工程，号称“北方都江堰”，还有着“运河之都”的美称。

济宁段运河

甏肉干饭

甏，这个最早源于中国江浙地区吴语发音的字暗示，这是一种来自南方的容器。然而，今天这种甏肉干饭，却在北方城市济宁名扬天下。

这种甏肉干饭，是五花肉与米饭搭配烹饪而成。经过腌制的五花肉，与面筋、鸡蛋以及其他辅料一起，放入这种产自南方的甏烹饪。而大米则在另外一个甏里煮熟。

甏肉干饭是当年江南船民一路向北行船时必备食物。为了生活，船民将甏和米从南方的家乡带到船上。许多年后，那些船民和繁忙的码头早已不见踪迹，他们随身携带的这种烹饪工具，连同发明的食物，却留给了今天。

鬓肉干饭

海运之路

将南方生产的稻米，从长江下游出海口刘家港出发，经东海、黄海和渤海，运送到天津，再由天津通过内河漕运到元大都——今天的北京。

海运漕粮十分快捷，而且运量巨大，安全性较高，一年运输的粮食可以高达 330 万石。

江南盛产的稻米和丰富的资源不间断地运到大都，支撑着元代政治中枢的运转。

为了保证首都及北方地区的稻米供应，元朝政府每年将南方各地的稻米调运到扬州之后，通过大运河输送到中国北方广大区域。

当时，造船和航海技术已有了很大进步，特别是指南针的运用，为海运提供了必要条件。为了克服漕运存在的弊端，保障元大都等地的稻米供应，元代在维持漕运的同时，又开通了稻米的海运之路。

江汉平原的稻田

江南的船民将满船稻米不断运往北京的同时，在稻作农业最为发达的环太湖平原，一切都悄然发生了变化。

明清时期，太湖流域的经济结构发生了很大变化，棉花种植的比重和蚕桑经营的扩大，压缩了生产水稻的耕地面积。简单地说，就是人们忙着种植棉花和种桑养蚕了。种植棉花这种经济作物比种粮食要相对轻松，而且棉花也更值钱，同样，蚕丝也是经济价值很高的产品。这个时候，主要粮食产地也发生了转变，从太湖流域转到了两湖的江汉平原。

湖广

湖广，作为地名，在明清时代及其以后指两湖，即湖北、湖南。元代置湖广等处行中书省，辖湖南、湖北、广西、海南、贵州大部、四川一部以及广东雷州半岛。明代和清代后只辖湖北、湖南，但仍沿用了湖广这一称呼，今之谓“湖广”，也特指湖北、湖南。

明清时期，两湖的江汉平原即湖南、湖北成了主要粮食产地。江汉平原同样有着丰富的水资源，湖荡洲滩被大面积围垦为农田，农业生产技术和水平提高。

而且，两湖地区双季稻的推广和普及，大大提高了土地的利用率，稻米产量更是得到了提升，所以湖广地区就取代了苏常地区，成为新的全国重要的产量区。为此，明清时候有句谚语叫“湖广熟，天下足”。

稻米在中国广泛种植

明清时期，稻米种植面积得到快速扩大。不过这时候，玉米、番薯和花生也从遥远的美洲来到中国。

经过千百年的发展，稻米已经占据了这个国家大部分优良耕地，成为中国人的绝对主食。不仅如此，中国本土培育出来的黄穋稻，以生育期短、早熟和耐涝的特点，在新开垦的圩田上得到广泛种植。

而美洲传入的那些农作物，最大限度地开发了水稻难以生存的地域，补充了稻米供应的不足。在古代，中国人第一次获得如此广泛的食物来源。

由于粮食供应充足，到了明清时候，人口就大量增加了。到了清朝末年，全国一共有约四亿五千万人。

沉甸甸的稻穗

食物的丰富令人口增长，而人口的增长又反过来促进耕地的开拓。随着耕地开拓、人口迁徙，越来越多的土地被开发利用。

然而在中国版图上却有一片区域，时常在我们焦点之外，这便是东北。也难怪，东北的景色虽然令人着迷，但植物要在这生存下来似乎并不容易。

不仅如此，当清王朝定都北京之后，中国东北地区，这个满族发祥地便被封禁起来，以保“龙脉”永续。

然而凡事总有例外。

谁能想到，现如今，东北已经是中国最重要的水稻产区之一。今天的盘锦稻田，不仅出产优质稻米，还拥有最美丽的海边田园景观，与100年前这里人迹寥寥的景象大不相同。

东北得天独厚的气候

东北非常适合大米的生长，其中一个重要的原因就是东北有着天独厚的气候条件。东北地区白天温度高，晚上温度低，昼夜温差大，平均温度在21摄氏度到22摄氏度，最适合水稻的生长。而且这里水稻生长期长，阳光充足，籽粒灌浆时间长而充分，一年一熟，使得这里出产的米颗粒分明，晶莹厚实，米香十足。

东北优质好米很多，比如黑龙江的五常大米更是美誉天下，为清朝的御贡米，受到慈禧太后的青睐。

每年春天，大规模庆祝插秧的仪式都会在盘锦这个城市盛大举办。之所以如此热烈庆祝插秧节，因为眼前一切来之不易。在这片土地上，我们能看到人类的艰辛和努力。

这里的农民一家人管理上千亩稻田也是常有的事，因为大家很早就意识到，在东北辽阔的平原上，只有采用最新的标准化机械生产，土地才会给予最大回报。

1928年，张学良创办“营田股份有限公司”，以“开发荒淤，改良土质，提倡实业”为宗旨，发动当地百姓利用大海退去后留下的荒地种植水稻，并引入辽河水灌溉。

人类，竟然将大海留下的滩涂，变成当时中国面积最大、生产技术最先进的水稻种植区之一。这个壮举令人难以置信。

黑土地

黑土地，那可真是大自然给予东北的珍贵礼物。黑土地是世界公认的肥沃的土壤，疏松肥沃，特别适宜农作物生长，每两百年到四百年积累才能形成 1 厘米，难怪我们把黑土地称为“耕地中的大熊猫”。

肥沃的黑土地孕育出的大米洁白如玉，打开那一锅刚焖好的米饭，飘香四溢。入口品尝，就能感受到那米饭的绵软、芳香。

今天，中国东北的辽宁、吉林、黑龙江三省，位列我国最优质的稻米产区。过去南粮北调，现在已经是北粮南调了。

东北地区水稻生长期长，温光充足，昼夜温差大，籽粒灌浆时间长而充分，再加上东北肥沃的黑土地，致使东北生产的粳米口感更佳。

很多在外工作和生活的东北人，不管在外面生活了多久，依旧想念着家乡的那碗白米饭。

现代东北人想念东北大米，而古代南方人也对故乡的那碗米饭念念不忘。

作为古代中国最主要的农作物，稻米的繁盛加速中国南部成为富庶之地，江南地区的文化和教育随之进步。

辈出的人才通过科举制度涌入各级政府，甚至进入朝廷。大量来自南方的官员，最念念不忘的，还是故乡那一碗雪白的米饭。宋代以后，那些来自南方的官员，用尽办法将稻米引种到北方。明朝万历年间，徐光启和汪应蛟分别在天津屯垦种稻。

从南方到北方，再从北方回到南方，稻米在中国的传播路线几乎一直跟随着国家的政治和经济中心移动。这种作物在漫长的历史中，已经将自己和中国人的命运紧密相连。

不得不说，这是物种的胜利。

南方人把稻米做成各种美食

稻米，脱离了单纯的食物范畴，与财富、生存和信仰紧密相连。

第五辑

大陆之南

今天的亚洲，稻米几乎在每一个角落都留下了印记。

依靠人类的创造力和自身强大的生命力，稻米，成为大部分亚洲人最重要的食物来源。

稻米和人类一起经历残酷战争，面对险恶自然，这些非凡的共同经历，让它成为我们生活中不可分割的部分。以至于在亚洲东南部的广阔区域内，稻米得以超脱单纯的食物范畴，成为关乎生存、财富甚至人类感情的重要元素。

大米贸易

香港，东方耀眼的一颗明珠，从开埠至今都是人们追求梦想的天堂。这里集中了近代华人世界最传奇的商业故事。

然而，在这些商人中，有一个极其重要的人物，他的商业版图涉及多个领域，包括嘉里控股、香格里拉酒店、金龙鱼等一系列如雷贯耳的品牌，他就是年逾96岁的郭鹤年。他见证了近代华人在东南亚粮食贸易的非凡历程。

百年前，郭鹤年的父亲离开老家福州，前往马来西亚。中国人，最擅长的谋生方式就是种植稻米以及和大米有关的生意。郭鹤年的父亲也不例外，异国他乡，他选择了用熟悉的方式养家糊口。

东南亚地区有着季风气候和热带雨林气候，这里高温多雨，加上土壤深厚肥沃，十分有利于水稻的生长。

郭鹤年的父亲在马来西亚做大米生意，在东南亚的华人相互依靠，互相扶持，由此，郭家的大米生意开展了起来。

郭鹤年先生所经历的20世纪初，甚至更早，大米贸易已经是中国和东南亚国家的主要贸易内容。包括他被取名为鹤年的用意，也是父亲希望他将来承继米粮生意，年年都有好收益。

泰国茉莉香米

泰国茉莉香米是产于泰国的长粒型大米，它是籼米的一种。因为它的口感十分香糯，泰国茉莉香米在全世界都颇受欢迎。

泰国东北部为热带季风气候，全年高温，有着明显的旱雨两季。每年 12 月到次年 1 月期间气温相对全年较低，这个时候为旱季，加上气候凉爽，水稻灌浆期间土壤中渐渐降低的湿度，对稻米香味的产生起到了非常重要的作用。所以，泰国香米只有在泰国本地才能生长出最好的品质。

在泰国之外的许多国家，包括美国和中国，都试图将泰国香米引到自己的国家进行种植，但多次尝试，就是达不到原来本土香米那股迷人的香气。

泰国茉莉香米的名号并非大米自身散发茉莉香味，它反倒是有一种独特的露兜树香味，至于为什么叫茉莉香米，只是因为它的米色如茉莉花一样洁白无瑕。

泰国香米

泰国农民在耕作

乌汶府位于泰国东北部，这里土壤肥沃，常年高温多雨，占有泰国耕地面积的49%，是东南亚最重要的稻米产区之一。

如今，还有大量华人来到东南亚定居，熟悉米饭味道的中国人，还是自觉地选择大米作为谋生工具。就比如，从古至今，中国和泰国之间的大米贸易都扮演着重要角色。

时至今日，在世界范围内，无论是排名前列的大米生产国还是出口国，都主要集中于亚洲大陆的东南部。水稻这种养活了全球一半人口的弱小植物，到底是如何把自己的物种生长范围扩大到如此规模？

越南稻田景观

越南米粉

东南亚稻米从哪来?

如今，东南亚人们的餐桌上已经离不开稻米，比如越南，作为稻米生产大国，当地人除了喜食大米，也喜欢用大米制作米粉，可见他们对大米的改造和加工方式也是多种多样的。

但成书于战国时期的《周礼》记载，2000 多年前，越南等东南亚地区的人们并不以颗粒食物为主，也就是说谷物种植农业在当时并不具备规模。

那么今天广泛种植于东南亚的稻米又是从何而来?紧邻东南亚地区的中国云贵高原，也许为回答这个疑问提供一种可能的答案。

自古以来我国不少民族以善种水稻著称，其中就包括苗族。苗族以稻米为主食，除了蒸煮米饭，苗族人对稻米还有各种制作方法，比如竹筒饭、饵块、米线、米干等。

竹筒饭又称为香竹饭，人们会在竹节中挖一个孔，把洗过的糯米放入竹节中，加入水，有的还会加入苗家腊肉，再用竹叶塞住孔，用火烘烤。食用的时候，用刀或木槌先轻轻捶打竹节，使米饭与竹子内壁松开，再用力将竹节一剖两半，烘熟的米饭带着浓郁的竹香，别有风味。

西南人民偏爱稻米

距今4000年左右，由于部落间战争，大量生活在长江中下游的民族被迫迁徙到西南地区，也顺理成章地将稻作技术向西南地区不断传播。至少在距今3000多年前，稻米种植技术进入云贵高原。

水稻，在苗族同胞心里非常重要。在整个迁徙过程当中，什么都可以丢，但是稻种绝对不能丢。

然而在民族迁徙的过程中，稻米的种植和产量并不乐观，所以苗民不仅要保存好种子带到可能落脚的地方，更要将其变成能够在严酷条件下保存的食物。

制作糍粑

糍粑

每当节日来临，一种撞击声总是在山谷间回荡，这是苗民在制作糍粑。糍粑，这种容易保存的食物，就是苗族对大米进行创造性加工的体现。

苗民将糯米淘洗干净，再泡好、蒸熟后，舀到碓窝里，用粑粑棍轮番砸打，直至熟烂后，再捞出来揉捏蹭压，变成一块块糍粑。用棍捶打大米就是要将大米形态彻底改变，成为一种适合苗民生存状态的食物。

苗民做出来的糍粑柔软香甜，充满了大米的清香。如果将其晾干变硬，还能长期保存，成为漫漫旅途的保障。

将大米制成便于携带的食物，与这个民族在历史上曾经的遭遇有关。

在苗人心中，5000 ~ 4000 年前是一个不能忘却的时刻。当小麦由西亚来到黄河流域的时候，苗族人的命运被改变了。他们的先祖蚩尤被黄帝击败，这个古老民族开始了历经数千年的迁徙。

中国西南部的崇山峻岭能阻隔战火蔓延，但缺乏耕地的恶劣环境对栽培稻的传播却困难重重，如果没有新的耕作手段，随人们四处迁徙的稻种也许会被阻挡在群山之外，无法在这里生根发芽。

此时，人类的创造力和对食用大米的执念，为稻米填平了难以逾越的万千沟壑。

哀牢山

哈尼族农人披着春日的晨光去插秧

哀牢山

哀牢山位于中国云南省南部，是元江与阿墨江的分水岭。哀牢山海拔一般 2000 米以上，主峰高度更是达到了 3166 米。因为形成于中生代燕山运动时期至第三纪喜马拉雅运动时期，这里地面得以大规模抬升，河流急剧下切，所以哀牢山是深度切割的山地地貌，东坡的山体较陡，相对高差大，西坡相对来说还平缓一些。

在云南哀牢山，春天播种开始之前，哈尼族的农民要带着耕牛登上数百米海拔的山地，才能到达自己的梯田田边。崎岖山路和原始的农业劳作方式，为水稻的种植制造了许多障碍。

红河河谷的水蒸气在哀牢山区被冷却之后，形成弥漫的浓雾。每年长达半年以上的雾气，为哈尼人带来了充沛的雨水，为本不适应种植水稻的山地提供了充足水分。不过千余年前，与苗族一样因战乱四处迁徙，最终停留在哀牢山的哈尼人，当年面对的却是无尽群山。人们必须在陡斜的山体上，依据山势开出沟壑，然后用石块黏土筑起田埂。这种修改山体的工作花费了数代哈尼人的努力，也让水稻最终在这里艰难生根发芽。

这一天是新米节。每年 9 月稻谷金黄时，哈尼族的一家之主便会来到田边，挑选穗长粒大的稻米，精心捆扎之后带回家中。每一粒稻谷都虔诚地手工脱壳，然后再加入去年的陈米一同蒸煮。这碗混合着新旧大米的蒸饭，用来感谢祖先保佑丰收的同时，也祈祷今年能有更好的收成。

哈尼新米节

哈尼族新米节是红河地区的节日之一，主要活动是尝新、祭天、祭奠亲人等。过节当天，哈尼人要祭祖，让祖先回来一同过节，祈求保佑哈尼人的平安。

新米节过后，哈尼人便开始大规模收割。对于迁徙的族群而言，自然环境往往无法选择，但种植何种粮食作物却是可以自己决定。同样耕种条件下，水稻的产量往往领先于其他大部分作物。尽可能获取食物，是族群繁衍的基本保障。这便是人们无法割舍稻米最根本的原因。

新米节，孩子穿上节日盛装

祈祷丰收

最新的考古证据显示，中国栽培稻在数千年前已经到达马来半岛，甚至有人因此断定，东南亚的稻作农业源自中国。

我们并不能确切地知道这个观点是否属实，但如果我们将眼光放得更辽阔，就能看到种植稻米的梯田广泛分布在中国西南以及亚洲南部地区。这个现象说明，亚洲人民不仅对水稻的生长特性有着深刻认识，并一直在探索不同的耕作技术，以适应不同区域的要求。

幸运的是，栽培稻的南传并不总是充满荆棘。同是位于东南亚的泰国农民，便享受着丰饶水土所带来的福利。

湄公河

澜沧江—湄公河，东南亚第一大河，流经包括中国在内的六个国家，为古代东南亚族群之间的交流迁徙提供了便利的交通。在湄公河下游有大片肥沃的冲积平原，水稻在这里似乎找到了生长繁衍的天堂。

六国中的泰国是水稻生产大国，泰国人喜欢打泰拳，泰拳是泰国的传统格斗术，手脚并用、迅速凶狠，常常在几个回合内便将对手击倒在地。然而，凶狠的泰拳与打泰拳的人那平和的性格，有时也会形成鲜明的对比。在泰国，农民几乎都温温吞吞，不紧不慢。这种性格，也许是耕作土地的方式所形成的。

澜沧江—湄公河

湄公河发源于青藏高原，在云南出境，经缅甸、老挝、泰国、柬埔寨和越南后流入南海。湄公河发源于中国，但在中国它不叫湄公河，而被称为澜沧江。

湄公河流域位于热带，属于热带季风气候，高温多雨，加上这里地势平坦，十分适合水稻的种植。这些有利的条件让湄公河三角洲成为世界上有名的稻米产区。泰国是湄公河三角洲周边生产稻米的国家之一，也是世界上稻米产量最多的国家之一。

泰国农民在收割水稻

每年 5 月雨季来临前，是乌汶府播种的季节。一大早，村民便聚集在一起准备帮助村中一家农户播种，他们希望赶在烈日当头之前完成这项工作。

这里的稻作农业，基本是看天吃饭。好在乌汶府的雨季在大多时候总能如期而至，每年 5 月到 9 月，热带季风带来充沛降水，而这时，正是泰国水稻从播种到收获的季节。肥沃的土地和丰饶的降水，让这里的农民甚至不需要特意灌溉耕地。稻种在天时地利的关照下，最终发芽抽穗。

它们其貌不扬，产量不高，却沉淀出自然的香气飘扬到全世界。

随意抛洒稻种

泰国人的播种方式，对于精细耕作的中国农民而言是不可思议的，他们将稻种随意抛撒在田地里，任其自生自灭。这种方式，只存在于今天中国少数的偏远地区。在机械化科学种植的全球背景下，这种原始农业简直是不可思议的事情。

即使使用这种靠天吃饭的粗放型种田模式，泰国人还是能每年收获高品质大米，因为这里自然条件实在是非常优越。

泰国人播撒种子是如此随意

随意撒落的种子

东南亚大部分地区位于热带，全年气温较高，高温多雨的气候适合水稻的生长，因此水稻是东南亚主要的粮食作物。

今天，水稻在中国和东南亚都是一个神奇景观，几乎在所有地方都能看到美丽的稻田，并成为全球过半人口的生存之源。对于一个物种的繁衍而言，水稻，毫无疑问取得巨大胜利。

美国政治家基辛格曾说：如果你控制了石油，你就控制了所有国家；控制了货币，就控制了世界；控制了粮食，就控制了整个人类。

广泛种植稻米的国家，在实现本国粮食安全的前提下，早已将稻米视为特殊商品和战略物资，成为国家生存、国际竞争的重要筹码。

从粮食到财富的变化过程中，人们对于稻米的依赖不断累积。稻米慢慢地开始超脱食物范畴，被赋予了更加深远的意义。

这些精神范畴的感悟与稻作技术本身一起，构成了今天亚洲多姿多彩的稻作文明。

稻米女神

稻米也是东亚人民最古老的图腾崇拜。在今天的印度尼西亚，人们依旧会向稻米女神Dewi Sri祈祷，寻求健康、财富和繁荣。印度尼西亚的巴厘岛，在每年的丰收节上，人们会将米粒粘在皮肤上，以此来从女神那里吸收福气。

稻荪

用稻米制作方剂

秋收过后，云南省勐海县勐混镇曼蚌村进入农闲时节。

一名乡间傣族医生在铺满杂乱秸秆的稻田工作，他要在这里寻找遗留在地里的稻荪。稻荪，就是收割后的稻秆重新生发的嫩芽。虽然它们无法转变为可以食用的稻米，但这些青色颗粒却别有用途。

医生将这些稻荪和草药一起放入新鲜竹筒蒸煮，利用稻米性甘味平与竹液去痰健胃的自然属性，达到消除积食、缓解胃痛的疗效。

据人类学家考证，起源于澜沧江上游的傣族先民，是长江中下游百越族群的直系后裔。百越族是世界公认驯化稻米最早的族群，这也使傣族人与稻米有近万年相生相伴的历史。他们凭借对自然的理解，不断挖掘农作物的用途，将稻米与健康甚至生死紧密相连，用稻米制作各种方剂，成为傣族传统医学的重要组成部分。

用稻米制作方剂

这黑色稻米制成的药膏是很多人缓解痛苦的希望。祖辈的经验让他们相信，这黑色膏药具有神奇疗效。利用稻米做成方剂这种流传了千百年的治疗方法，在今天傣族乡村里，依然与现代医学并存。

保存在西双版纳总佛寺的贝叶经，制作于公元 8 至 14 世纪，除了佛教经典，里面的内容还涵盖医学、历法、法律以及稻作文化等。在古代社会，许多重要典籍和艺术作品被不同宗教团体所保存，成为历史的见证，贝叶经也是其中一种。

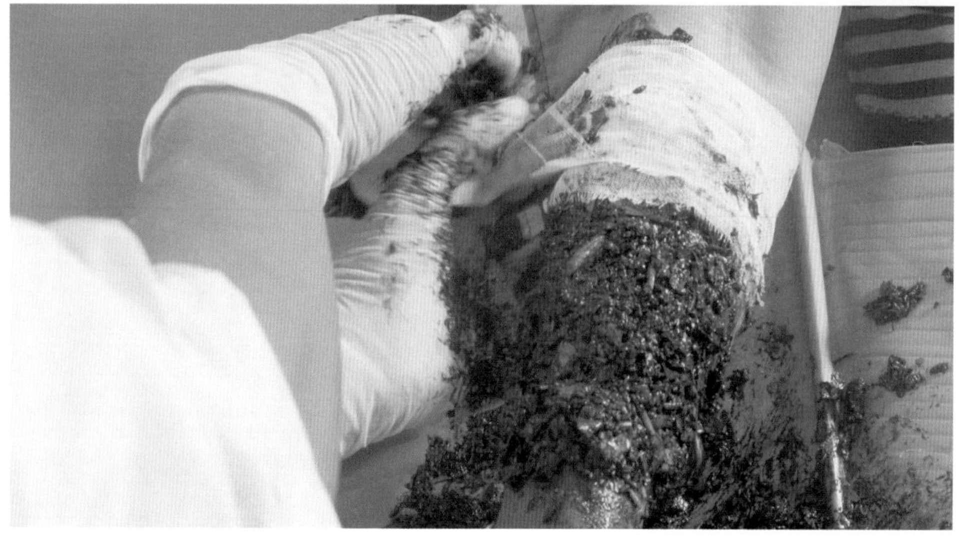

给病人敷上稻米制成的药膏

贝叶经

贝叶经

在傣族人民心目中，贝叶也叫“戈兰叶”，是承载傣族历史文化走向光明的神。

贝叶经指的是写在贝树叶子上的经文，具有很高的文物价值，有着“佛教熊猫”之称。贝叶经源于古印度，有2500多年的历史，多为佛教经典。贝叶经研究，对于研究佛学、藏学、佛教历史和绘画以及古印度文化和中印文化交流史都有着很大的价值。

稻米，超越粮食的意义

回顾世界历史，原始信仰往往会与重要的粮食作物建立紧密的联系，如小麦，就与欧洲文化联系密切。同样在亚洲，稻米种植与各国民俗也有着千丝万缕关系。

来自远古的信仰在今天已不多见，但留下的影响却变换成其他形式，延续下来。

师公舞

师公舞，是古代壮族模仿青蛙动态的一种祈祷方式。青蛙，由于能够捕捉稻田里的虫害，而被壮族人民崇拜。青蛙所代表的繁殖能力，对于崇拜者而言，也具有祈祷子孙长盛不衰的意思。而这一切归根结底，都是因为青蛙促进了稻米的丰收。

在泰国四色菊府和那空沙旺，每天清晨都会响起一种独特的钟声。这并非针对僧侣，而是提醒寺庙周边的人们，一个特殊的时刻开始了。

钟声表示佛陀定下的“乞食”仪轨要开始了。民众施舍，僧侣接收供养，这一幕十分庄严圣洁。

僧侣“乞食”这种仪式就是要求僧人们戒除傲慢、不贪恋美

僧人乞食

味而专心功课；另一方面，以乞求食物这种方式更多了解生活的本质，体会食物的来之不易。乞食已是泰国僧侣日常的重要修行。

稻米与东方文化有着源远流长的关系。传说佛陀在世的时候，稻米曾滋养他柔弱的身躯和深邃思想。稻米色泽纯净、形态饱满，象征着智慧与宏大情怀，是纯洁的食物。

泰国僧人的乞食

泰国僧人们严格遵守乞食制度。乞食时，民众会跪在僧人前，僧人将钵伸向民众，民众将食物倒进僧人的钵里，一方是供养者，一方接受供养。

乞食时，僧人会向供养者念经祈福。不管钵里的食物是什么，不分贵贱，无论荤素，僧人必须享用、不能挑拣。这其实是告诉乞食者，不要贪恋美味。

净住寺

比丘尼

比丘尼在稻田劳作

这里是辽宁净住寺。太阳升起，新的一天开始了。

对净住寺比丘尼来说，这天是个特殊的日子，她们要去收割水稻。寺庙后面有近300亩稻田，每年10月是收割季节，她们已经做好了准备。

收割水稻是一种长时间重体力劳动，她们进入稻田，在辽阔的金黄色中重复简单动作。但对于这里的比丘尼而言，这几天却是全年最重要的时刻。劳动中的比丘尼保持静默，只专注于身旁的稻作。这是她们少有的在自然中直面自己的机会，她们在丰收中感受自己伫立于天地间的静谧。

比丘尼自给自足

金黄的稻田，与青瓦红顶的寺庙相连，辽宁净住寺的比丘尼在这里自耕自食。是的，依照寺庙戒律，比丘尼必须完全吃素，而且所用的食物绝大部分是自己生产得来。寺庙后面那片金黄的稻田就是她们钵里大米的来源。

一粥一饭，通过自己的劳动更是能体会到食物的来之不易，由此她们也会倍加珍惜。而她们的修行在这种方式中也得以精进。

比丘尼在稻田劳作

比丘尼吃的是自己种植的粮食

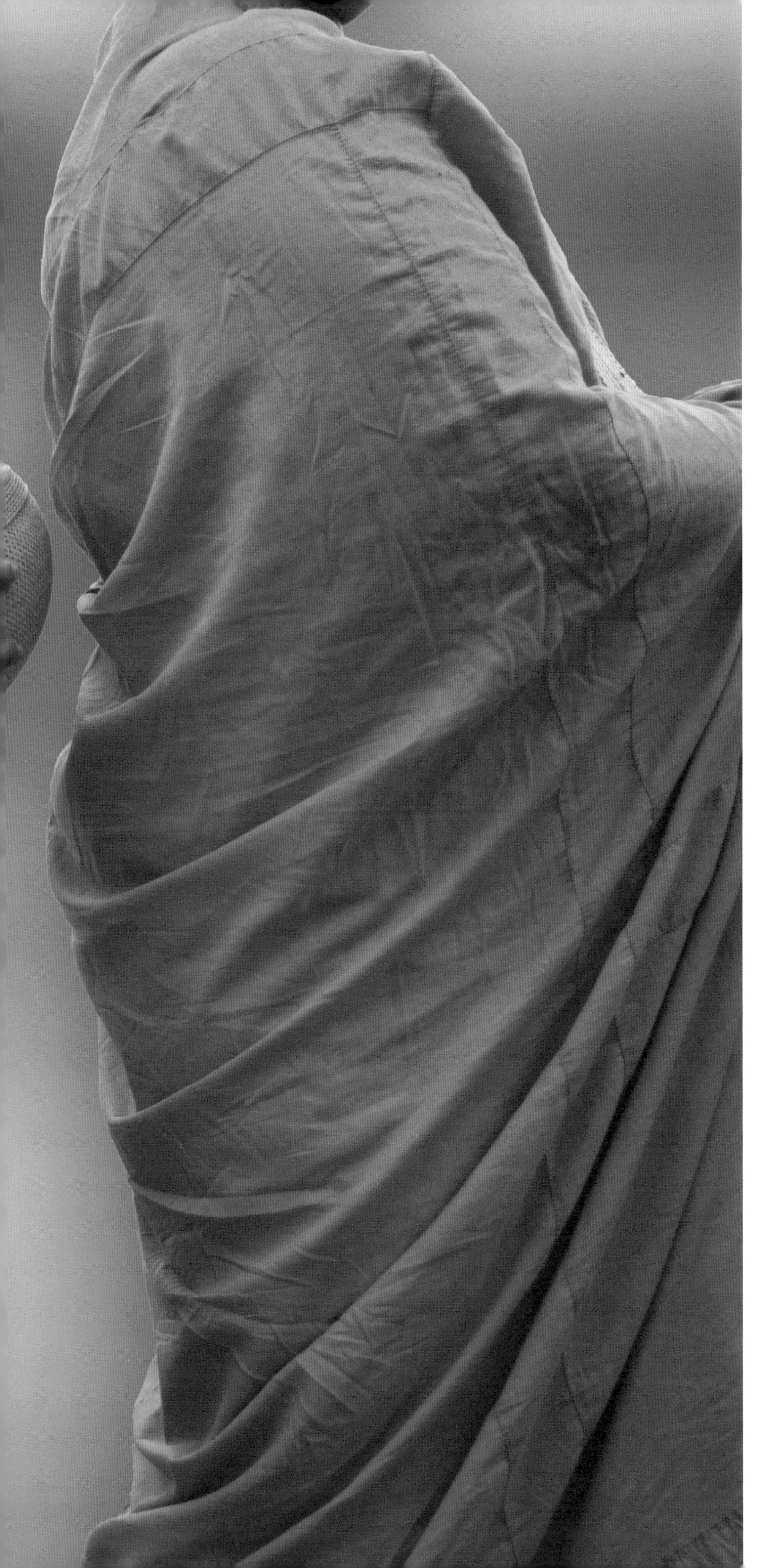

一日不作，一日不食

在1000年前佛教盛行的唐代，僧侣数量不断增多，逐渐成为国家负担。在这个背景下，著名的百丈禅师立下“一日不作，一日不食”的清规戒律，在劳作中修行，成为僧侣奉行不渝的信念。

思考生命的意义是一个永恒命题，而生命的本源便来自粮食的滋养。几乎所有的人类文明，都把粮食奉若神明，将其看成生命之源，通过粮食感悟生命的意义。

从食物到财富再到生命的意义，稻米以一种独有的隐喻讲述着真实的历史。驯化稻米，是人类农业革命最为伟大的成就之一。从古至今，几乎所有以稻米为主要食物的族群，都呈现出类似的文化景观和民族性格。

今天很难说，究竟是我们驯化了稻米成为主食，还是稻米借助了人类，使自己遍布了亚洲的大陆和岛屿。但可以肯定的是，稻米在亚洲的故事只是一个开始，因为一个全球化的时代已经到来。

让我们穿越欧亚大陆，看看稻米为人们带来的快乐与悲伤。

第六辑

更远方

稻米在过去千百年里与原产于西亚的小麦、美洲的玉米争夺人类的餐桌，最终成为今天这个星球上绝大部分人口的主要食物。

人们的确对这种农作物喜爱非凡。只要轻轻拍打稻穗，稻粒就会掉落下来成为我们的食物。然而在漫长的历史中，稻米在人类世界的命运却不尽相同。今天的故事里，您将看到这种穿越欧亚大陆的食物，在不同的形态和滋味中，展现出不一样的人类文明。

意大利帕达纳河谷的稻田

这座米坊已有400年历史

帕达纳河谷上的米坊

每年4月末，是意大利播种水稻的季节。帕达纳河谷是一片种植水稻的农场，农场上有一家历史悠久的米坊。这里种植水稻的历史可追溯到400年前。几百年来，这里生产的大米远近闻名。

这座米坊是意大利以前最大的米坊之一，19世纪初的一些农作工具还放置在这里。400年前，当稻米来到这个农场和米坊的时候，也许不会料到，遥远的意大利，竟然有人用如此的热忱在迎接和珍惜它。

意大利的水稻

意大利是欧洲最大的稻米生产国，每年生产约 140 万吨稻米，年度销售额超过 10 亿欧元。帕达纳河谷所在的波河平原位于意大利北部，这里气候湿润、面积辽阔、地势平坦、水源充足，非常适合水稻生长。

水稻进入欧洲地区以后，分布的范围十分有限，基本主要就是在沿地中海沿岸这几个国家。因为再到欧洲北部，气候更加寒冷，连种植麦粒作物都困难重重，种植水稻更是几乎不可能。

在欧洲地区真正利用了水稻资源的都是地中海气候的国家，它们利用了地中海湿润的气候条件来适应亚洲水稻的生长习性。

米坊的主人在播撒稻种

在今天的欧洲，小麦制成的面包占据了人们的餐桌。然而在意大利北部，情况却有些与众不同。

在意大利斯卡拉岛镇，当地人经常会用大米来制作面包棒和意大利面，甚至用大米来制作提拉米苏蛋糕。在小麦面包一统天下的欧洲，怎么会出现这样的情况？因为这座小镇是意大利的“稻米之都”。

阿拉伯人给意大利带来了大米，也带来了烹饪大米的方法，意大利人确实没有停止对大米的探索，他们使用来自南亚的咖喱与阿拉伯传来的大米一起，制作成咖喱烩饭。

大米做的面包

大米做的面包棒

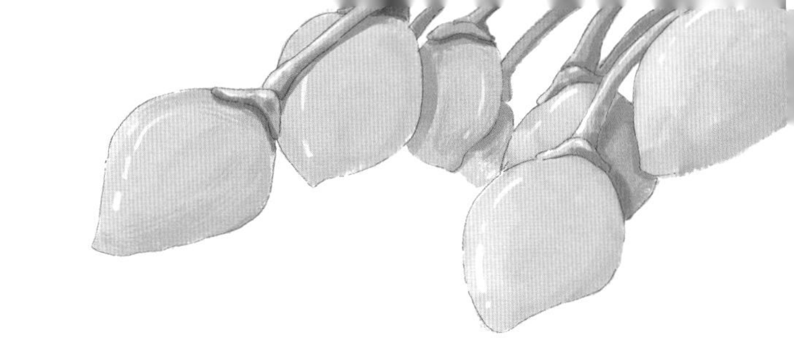

什锦饭节

每年秋季，斯卡拉岛镇都会举行为期一个月的“什锦饭节”。在这一个月里，人们会吃到各种各样的什锦饭，比如柑橘什锦饭、西葫芦花什锦饭、干酪什锦饭、菠菜什锦饭等等，这些什锦饭真是让人大开眼界。稻米饼干、稻米威化，甚至还有各种稻米浓缩饮料、稻米白兰地……在这个节日里，除了什锦饭，你还会看到各种用稻米加工制作的食物。其实，在稻米收获之后举行庆祝的宴会是这里曾经延续多年的传统。

游牧民族是生活在中国北方草原地区的一个庞大族群。他们居无定所，千百年来一直过着骑马放牧的生活。他们独特生活方式决定了他们独具特色的饮食习惯，他们的食物以肉奶为主，但是肉、奶其实是上层贵族餐桌上常见的食物，而一般的牧民也是荤素搭配，而且下层人们的饮食中素食占有很大的比例，他们的主食有小米粥、青稞面等。

稻米如何传到欧亚大陆

起源于中国长江中下游的栽培稻又是如何长途跋涉，穿过欧亚大陆到达意大利的呢?

中国最西北端的阿尔泰山脉，是古丝绸之路要道。这里终年干旱凉爽，冬季最低气温甚至达到零下 35 摄氏度。千百年来，这里的人们以游牧和捕猎为生。

稻作农业的定居生活并不适合这里的游牧民族，但由于得到当地贵族青睐，虽然脚步缓慢、成就寥寥，稻米还是在很长一段历史时期里，成为中国西北珍贵食物的代名词。因为水稻在干旱地区不易种植，使得稻米这种粮食在中国西部的传播旅程相对艰难一些。

阿尔泰山脉

西汉的《史记·大宛列传》记载“大宛在匈奴西南，在汉正西，去汉可万里。其俗土著、耕田、田稻麦。”这是关于西域地区栽培稻米的最早记载。可见，在公元前 1 世纪以前的西域诸国，人们已经过着游牧与农耕相融的生活。

几乎与此同时，波斯商人也通过与印度北部地区贸易，将水稻带入当时的波斯地区。

直到公元 7 世纪伊斯兰教兴起以前，水稻种植就已经从今天中国的新疆地区和印度的北部，扩散到巴克特里亚、底格里斯河和幼发拉底河流域。这种作物被当地的阿拉伯人所喜爱，并被广泛扩散到伊斯兰世界几乎每一片适合水稻生长的地方。

扎根西亚的稻米，随着公元 7 世纪后兴起的阿拉伯帝国，通过进一步的战争和贸易，将稻作文化传播到地中海沿岸的北非、南欧，并逐渐去到更远的西欧和东欧。文艺复兴前后，稻米在欧亚大陆获得了空前发展。

新疆手抓饭

15 世纪，稻米随同土耳其人到达保加利亚，在菲利波波利等地种植成功。16 世纪时保加利亚的稻米产量为 3000 吨左右。

16 世纪，意大利人民在伦巴第的低洼地区开辟了稻田，水稻种植发展十分迅速。

同在 16 世纪，稻米种植引入法国尼斯地区和普罗旺斯沿海地区。

西班牙海鲜饭

稻米到了欧洲，也发展出各种用稻米制作的美食，比如西班牙海鲜饭。西班牙海鲜饭原产地为西班牙鱼米之乡瓦伦西亚，瓦伦西亚是西班牙第三大城市，位于地中海东海岸，这里气候宜人、土壤肥沃，非常适合种植水稻，种植水稻的历史也非常久远。

源于瓦伦西亚的西班牙海鲜饭巴埃亚（paella）用的是不黏的长米，铁锅焖烧至干爽微焦的米饭，配上满满当当的新鲜海鲜，如鱿鱼、虾、贻贝、蛤蜊等，每粒米饭都吸收了海鲜的精华，上桌后浓郁扑鼻的香气让人味蕾大开。

巴埃亚海鲜饭

俄罗斯西瓦科夫卡镇

400年前，稻米的传播在全球看似成就斐然，其实更多超越地理和气候条件的阻碍却鲜为人知。

这是俄罗斯远东的小镇西瓦科夫卡，在庞大的俄罗斯版图上，小到几乎可以忽略不计，但这是俄罗斯稻米种植版图中一个不可忽视的坐标。

此地人烟稀少，安静异常，一年有大半的时间笼罩在寒冷之中，公路两侧是一望无际的冰封土地。在这片冻土上，稻米在努力扩展自己的领地，完成了一个几乎不可能完成的任务。

这里有着非常严酷的自然条件，但稻米还是坚强地在此扎了根，以前的大片荒地现在变成了万亩水稻良田。

今天，俄罗斯已是欧洲的第三大稻米生产国。

不同的气候和文化差异，为稻米传播带来了千差万别的可能。在上万年的驯化之路上，稻米有举步维艰的辛酸，也有随风飘散的畅快。在同样寒冷的中国东北地区，稻米就闯出了一片不同的天地。

盘锦，中国东北重要的稻米产地。金黄的稻田与红色海滩紧紧相连，构成中国最令人难忘的田园风光。然而谁能料到，这片漂亮风景的下面，竟然是植物难以生长的盐碱地，也是人类对土地和稻米种子近百年的改良史，终于令当地出产的稻米蜚声世界。

从数千年前的栽培稻开始，这种植物在地球上扩散能力的大小，主要取决于人类智慧。盘锦市海边种植稻米的成功，只是稻作技术进步的一个小小脚印。人类意识到，如果没有对稻米种子持续的研

究和进步，未来自然界的一个小变化，也许就会演变成我们的大灾难。上万年来，通过对种子的持续探索，人类社会得以不断发展。

盐碱地

盘锦市坐落于退海平原，土地基本上都是盐碱地。在春秋季节，盐碱地的地面上会泛起一层白，这个白其实是盐斑。这种土地本不利于农作物生长，但是这些平原，后来却由原来的“南大荒”变成了今日的鱼米之乡。

这是因为人们对土地排盐降碱，通过改土培肥，使之成为高产良田。盘锦种植水稻的田地全是盐碱地改良而成。

盐碱地变身为良田

探索提升产量之路

稻米是世界上约60%人口的主粮。在中国，为了在有限的耕地上养活日益增长的人口，科学家们不断探索提高稻米产量的方法。

有人也许认为，眼前这些高产水稻的出现是理所当然。其实这都是一代代农学家努力的结果，比如丁颖、黄耀祥，还有袁隆平。

左二丁颖

丁颖

丁颖，中国现代稻作科学奠基人，20世纪30年代，在国际上首次将野生稻抗御恶劣环境的种质转育进栽培稻中，育成60多个优良品种，对提高水稻产量和品质做出重大贡献。他创立水稻品种多型性理论，为品种选育、良种繁育和品种提纯复壮奠定理论基础。

黄耀祥

黄耀祥被誉为“中国半矮秆水稻之父”。20世纪50年代，他开创了水稻矮化育种，培育出矮秆、抗倒伏、多穗型的水稻新品种。中国矮秆品种的育成、推广及应用，比其他国家的“水稻绿色革命”领先10年，引导了中华人民共和国成立以来水稻单产的第一次绿色革命和飞跃。

1987年7月16日 | 在安江农校籼稻三系育种材料中
找到一株光敏不育水稻

老照片

袁隆平

在20世纪60年代，被誉为“世界杂交水稻之父”的袁隆平在国内率先开展水稻杂种优势利用研究，为大面积推广水稻杂种优势奠定基础。他提出杂交水稻的育种发展战略和超级杂交水稻育种技术路线，成为世界杂交水稻育种发展的指导思想，为世界粮食安全作出巨大贡献。

野生稻生命力更顽强

野生稻，虽然颗粒细小，产量极低，却有着异乎寻常的生命力。生长在原始森林里的野生稻，经受各种灾害的考验和自然选择，具有稳定和丰富的遗传多样性，蕴含抗病虫害、抗寒以及耐旱等基因。这种强大的生物特性，是今天人工稻田里的种子所不具备的。拥有顽强的生命力，这就是野生稻的价值。

绝大部分人并不知道，无论丁颖、黄耀祥还是袁隆平，他们的成功都离不开重要的种质资源，包括野生稻资源的开发和利用。野生稻所具备的重要价值，只有极少数的人能够理解。恶劣的环境，往往造就顽强生命。人类需要不断地从野生稻中发现新活力，提取出来转育到栽培稻中，以应对未来可能发生的自然灾害。

换句话说，假如地球突然遭受严重自然灾害，环境适应性差的栽培稻可能颗粒无收，而那些本来就生长在恶劣环境下的野生稻，却可能存活下来。所以，我们保存和利用这些野生稻的资源，就是为了将来有一天当我们对它的全部基因组、它的多样性有了足够充分的了解以后，这些基因还能为我们未来的遗传改良和人类的生存所利用。

这种具有顽强生命力的野生稻，将会被送到一个特殊的地方，即国家作物种质库。国家作物种质库是全国作物种质资源长期保存中心，也是全国作物种质资源保存研究中心。

在这里，研究人员小心翼翼剥下大米胚芽，做成切片，通过显微镜来观察稻米的活力。一系列检测之后，样本将被送入种质库长期保存。未来的科学家将在这里获得更多的野生稻样本，用来优化未来的种子，满足人们对产量和口味的需求，甚至培养出适应极端气候条件的新品种。

水稻种子样本

国家作物种质库保存着来自全国超过 40 万份种子样本，是中国最安全的作物基因储存库。这些种子将在零下 18 摄氏度的环境中长期保存。

种质库光水稻种子样本就有 8 万多个，每个样本都要经过严格筛选，初始发芽率达到 85% 的种子才能进入种质库保存。

除了野生稻，有更多的是现有的栽培稻种子样本。在严格的保存条件下，一般作物种子寿命可达50年以上。

当代的作物育种已经进入基因育种阶段，通过基因育种可以更加准确地利用野生稻和栽培作物的优良基因，培养出产量更高、适应性更强的品种。但这一切的前提就是保护和保存好更多具有优良基因的种子。

所以，之所以保留这么多种子样本，实际上在很大程度上是因为人类对稻米的大量需要。

让稻米顺从人类

为了获得大谷粒稻米品种，人类特意挑选颗粒丰满的野生稻反复播种。为了保证产量，人类以固定的收割时间来调节稻米成熟周期。通过一系列手段，降低它们野外生存能力，从而顺服人类的意志。

人类越来依赖自己所驯服的农作物，而稻米也越来越依靠人类。由于食物的大量富余，人类对稻米的选择出现针对性，这种做法开始令人担忧。

现代的育种，让稻种出现了遗传上的脆弱性。如果出现一点干旱等极端天气，对稻作农业就会产生毁灭性的打击。反倒是野生稻具有遗传多样性，更是能抵御自然灾害。

所以，保存作物的遗传多样性，就是保护人类生存的可能。

国家作物种质库保存的稻米资源都潜藏着优异和丰富的基因，将会成为人类未来有待发掘的宝藏。除此之外，科学家也在研究如何发挥稻米最大的价值并循环利用，培育更优秀的水稻品种。

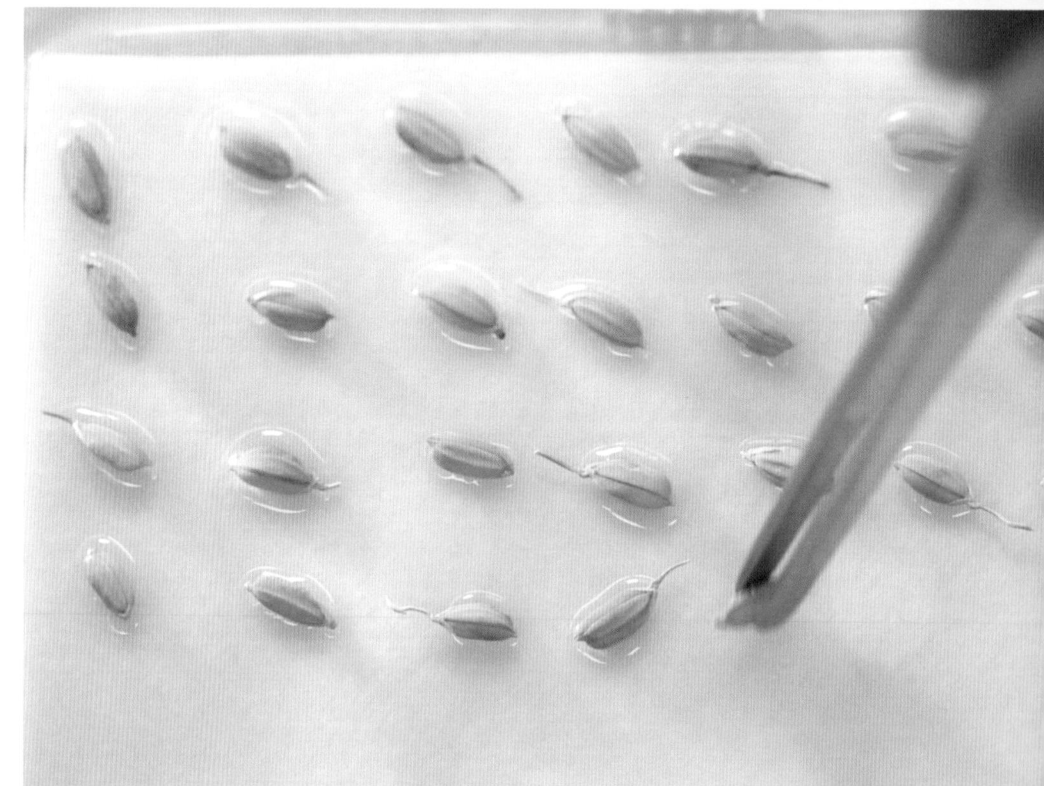

国家作物种质库保存的农作物种子

国家作物种质库保存的稻种

被研究的稻种

加工剩下的稻壳可用于发电

稻壳的另类作用

稻米的壳可以替代燃煤进行蒸汽发电，这样不但能降低二氧化硫的排放，还能节省大量的能源。

通过利用稻壳，专家预计每年可以节约煤炭2500多万吨，并减少燃煤发电所产生的二氧化碳、二氧化硫等温室气体和有害气体的排放。

现代粮仓

稻米物尽其用

中国东北地区每年生产约 3000 万吨大米，如何利用大米的全部价值，一直是人类探索的目标。现在一个大胆的设想已经实现。

传统水稻加工是以食用大米为主要目标，剩下的米糠和稻壳等副产品则变成人类的负担。而在东北，有一种全球最先进的水稻循环加工模式，在这里水稻将经历一次奇妙的旅程。

稻米经过筛选、脱壳、打磨，变成我们餐桌上美味的主食，但这只是稻米生命蜕变的最开始。米糠将会被加工成为极具营养的食用油，成为稻米加工的另一个产品。

稻米加工厂

用米糠加工的食用油

白炭黑

大米生产出以后来，米糠用来榨油，稻壳用来发电，也许大多数人会认为这就是稻米利用的终点。其实并不是。

科学家从稻壳焚烧的灰烬中可提炼出的一种叫做白炭黑的物质。谁能料到，这种毫不起眼的粉末，却有大用途。

白炭黑是生产轮胎时必不可少的原料，它可降低轮胎 10% ~ 20% 的滚动阻力，从而为车辆节约 2% 的油耗。原来这种物质只能从煤渣中获取，不仅消耗能源，而且会产生环境污染。而现在从稻米壳焚烧的灰烬中提炼，对环境就友好多了，也能更加充分地利用稻米，一举两得。

中国是稻谷第一大生产国，每年产量约 2 亿吨，占世界产量的 31%。作为水稻生产大国，中国除了尝试利用循环技术解决环境问题，也在积极探索绿色农业发展的途径。

水稻，毫无疑问是人类最喜爱的粮食作物之一。1 万年前，这种野生植物从温暖潮湿的中国长江中下游地区起源，经过成千上万次演进，成为今天我们看到的这个模样。在今天的地球上，除了南极和北极，几乎每片适合生长的土地都能发现稻米的足迹。

1 万年前，我们的祖先对野生稻产生兴趣，也许他们认为可以将种子储存起来，以便应对未来的食物短缺。没想到，这个微小动机促使中国人走上稻作农业之路，才有了后来的一连串历史波澜。在漫长岁月中，稻米的故事参与了整个人类文明发展史。稻米，在人类世界拥有如此重要的地位，看起来似乎难以置信。但谁又能否认，正是这种食物给予地球上 60% 人口源源不断的能量，支撑我们度过生命中悲伤或快乐的每一天。

稻米，一种平凡但伟大的食物。

图书在版编目（CIP）数据

稻米之路 / 张力，池建新主编 . -- 北京 : 中国科学技术出版社 , 2024.1
（文明的邂逅）
ISBN 978-7-5236-0169-3

Ⅰ . ①稻⋯ Ⅱ . ①张⋯ ②池⋯ Ⅲ . ①水稻栽培—农业史—中国 Ⅳ . ① S511-092

中国国家版本馆 CIP 数据核字 (2023) 第 067359 号

策划编辑	徐世新
责任编辑	向仁军
封面设计	锋尚设计
正文排版	玉兰图书设计
责任校对	焦宁
责任印制	李晓霖

出　　版	中国科学技术出版社
发　　行	中国科学技术出版社有限公司发行部
地　　址	北京市海淀区中关村南大街 16 号
邮　　编	100081
发行电话	010-62173865
传　　真	010-62173081
网　　址	http://www.cspbooks.com.cn

开　　本	787mm × 1092mm　1/8
字　　数	228 千字
印　　张	38.5
版　　次	2024 年 1 月第 1 版
印　　次	2024 年 1 月第 1 次印刷
印　　刷	北京瑞禾彩色印刷有限公司
书　　号	ISBN 978-7-5236-0169-3/S · 791
定　　价	198.00 元
